"九五"国家重点图书

国 际 工 程 管 理 教 学 丛 书

INTERNATIONAL PROJECT MANAGEMENT TEXTBOOK SERIES

工料测量学实务

Quantity Surveying Practice

廖美薇 Richard Fellows 编著

刘允延 郑如喜
陆晓村 王 韬 译

房照阳 丁永书 校

梁 鑑 审校

中国建筑工业出版社

图书在版编目(CIP)数据

工料测量学实务/廖美薇等编著．—北京：中国建筑工业出版社，2001.3
(国际工程管理教学丛书)
ISBN 7-112-04502-9

Ⅰ．工…　Ⅱ．廖…　Ⅲ．建筑造价管理
Ⅳ．TU723.3

中国版本图书馆 CIP 数据核字(2000)第 74975 号

国际工程管理教学丛书
INTERNATIONAL PROJECT MANAGEMENT TEXTBOOK SERIES
工料测量学实务
Quantity Surveying Practice
廖美薇　Richard Fellows　编著
刘允延　郑如喜
陆晓村　王　韬　译
房照阳　丁永书　校
梁　鑑　审校

*

中国建筑工业出版社出版、发行(北京西郊百万庄)
新　华　书　店　经　销
北京云浩印刷有限责任公司印刷

*

开本:787×1092 毫米　1/16　印张:13　字数:316 千字
2001 年 3 月第一版　2003 年 1 月第二次印刷
印数：3,001—4,500 册　定价：**18.00** 元
ISBN 7-112-04502-9
TU·3897 (9298)

本书介绍了工料测量师的作用及其发展趋势，以及应着重学习的五个领域的知识；比较详细地介绍了项目寿命周期按决策要点划分的四个阶段以及各个阶段的主要工作内容；详细介绍了各种项目实施方式及实施各方的责任和实施方式的选择，并对项目实施状况的评价提供了三项指标；对可建筑性的含义及其影响因素、衡量方法等内容进行了详细阐述；详细介绍了经济学在项目建设中的应用——几种项目投资评估方式；论述了价值管理理论以及风险与不确定性的关系，进一步得出风险管理与决策的方法，为进行最优决策提供了有价值的建议；最后详细介绍了价格预测方法和费用计划，并对如何确定一个合理的投标价格提出了详细建议，为施工阶段如何进行费用控制提供了一些模型和分析方法及评价手段，最后对项目竣工后的物业管理进行了详细说明。

本书可作为高等院校国际工程管理或工程管理专业的专业课教材和研究生教材，也可供各工程承包和咨询公司、房地产公司、工程建设单位进行各阶段费用、价格预测和控制时参阅，并可作为工程公司经理、项目经理、设计咨询人员、投资控制和造价管理等人员的学习资料。

国际工程管理教学丛书编写委员会成员名单

中国国际工程咨询协会会长

何伯森　天津大学管理工程系原系主任，教授

吴　燕　国家教育委员会高等教育司综合改革处副处长

张守健　哈尔滨建筑大学管理工程系教授

张远林　重庆建筑大学副校长，副教授

张鸿文　中国港湾建设总公司海外本部综合部副主任，高工

范运林　天津大学管理学院国际工程管理系系主任，教授

姚　兵　建设部建筑业司、建设监理司司长

赵　琦　建设部人事教育劳动司高教处副处长，工程师

黄如宝　上海城市建设学院国际工程营造与估价系副教授，博士

梁　鑑　中国水利电力对外公司原副总经理，教授级高工

程　坚　对外贸易经济合作部人事教育劳动司学校教育处副处长

雷胜强　中国交远国际经济技术合作公司工程、劳务部经理，高工

潘　文　中国公路桥梁建设总公司原总工程师，教授级高工

戴庆高　中国国际工程咨询公司培训中心主任，高级经济师

秘书（按姓氏笔画排列）

吕文学　天津大学管理学院国际工程管理系讲师

朱首明　中国建筑工业出版社副编审

李长燕　天津大学管理学院国际工程管理系副系主任，副教授

董继峰　中国对外承包工程商会对外联络处国际商务师

序

对外贸易经济合作部部长　吴　仪

欣闻由有关部委的单位、学会、商会、高校和对外公司组成的编委会编写的“国际工程管理教学丛书”即将出版，我很高兴向广大读者推荐这套教学丛书。这套教学丛书体例完整、内容丰富，相信它的出版能对国际工程咨询和承包的教学、研究、学习与实务工作有所裨益。

对外承包工程与劳务合作是我国对外经济贸易事业的重要组成部分。改革开放以来，这项事业从无到有、从小到大，有了很大发展。特别是近些年贯彻“一业为主，多种经营”和“实业化、集团化、国际化”的方针以来，我国相当一部分从事国际工程承包与劳务合作的公司在国际市场上站稳了脚跟，对外承包工程与劳务合作步入了良性循环的发展轨道。截止到1995年底，我国从事国际工程承包、劳务合作和国际工程咨询的公司已有578家，先后在157个国家和地区开展业务，累计签订合同金额达500.6亿美元，完成营业额321.4亿美元，派出劳务人员共计110.4万人次。在亚洲与非洲市场，我国承包公司已成为一支有较强竞争能力的队伍，部分公司陆续获得一些大型、超大型项目的总包权，承揽项目的技术含量不断提高。1995年，我国有23家公司被列入美国《工程新闻记录》杂志评出的国际最大225家承包商，并有2家设计院首次被列入国际最大200家咨询公司。但是，从我国现代化建设和对外经济贸易发展的需要来看，对外承包工程的发展尚显不足。一是总体实力还不太强，在融资能力、管理水平、技术水平、企业规模、市场占有率等方面，与国际大承包商相比有明显的差距。如，1995年入选国际最大225家承包商行列的23家中国公司的总营业额为30.07亿美元，仅占这225家最大承包商总营业额的3.25%；二是我国的承包市场过分集中于亚非地区，不利于我国国际工程咨询和承包事业的长远发展；三是国际工程承包和劳务市场竞争日趋激烈，对咨询公司、承包公司的技术水平、管理水平提出了更高的要求，而我国一些大公司的内部运行机制尚不适应国际市场激烈竞争的要求。

商业竞争说到底是人才竞争，国际工程咨询和承包行业也不例外。只有下大力气，培养出更多的优秀人才，特别是外向型、复合型、开拓型管理人才，才能从根本上提高我国公司的素质和竞争力。为此，我们既要对现有从事国际工程承包工作的人员继续进行教育和提高，也要抓紧培养这方面的后备力量。经国家教委批准，1993年，天津大学首先设立了国际工程管理专业，目前已有近10所高校采用不同形式培养国际工程管理人才，但该领域始终没有一套比较系统的教材。令人高兴的是，最近由该编委会组织编写的这套“国际工程管理教学丛书”填补了这一空白。这套教学丛书总结了我国十几年国际工程承包的经验，反映了该领域的国际最新管理水平，内容丰富，系统性强，适应面广。

我相信，这套教学丛书的出版将对我国国际工程管理人才的培养起到重要的促进作用。有了雄厚的人才基础，我国国际工程承包事业必将日新月异，更快地发展。

1996年6月

前　言

工料测量行业是为了适应复杂工程的项目中工程要素的计量需求而逐步发展起来的。其目的是使项目的定价有充分的把握,并在设计和施工阶段实施有效的费用控制。后来又增加了法律/合同方面的业务,这些涉及到评估各参与方在与项目有关法规下的利益分配。工料测量行业逐渐发展成为与从事建设项目的经济分析及管理工作有关的专业。

本书从工料测量师的角度来考察建筑行业项目的完整运作过程。由于工料测量师的工作主要集中在项目的财务和经济管理方面,故对这些方面作了详细的论述。不仅论述了预测和分析项目造价的方法,而且讨论了近年来发展起来的提高项目实施效率及确保其增值的方法和前景。

本书分两部分分析和讨论当代工料测量师的工作。第一部分探讨工程项目的实施方式,第二部分探讨项目经济学和项目管理的问题。另外书末还附有两篇相关的文章和增加与管理有关的表格。

按照第1章概述对工料测量师角色的说明,不论称其为工料测量师、造价工程师还是其他什么头衔,都不难评价该行业涉及的范围及其普遍适用性。第2章通过对几个主要阶段的论述,对项目需求的最初构思,对项目的占用及最终售出变现,介绍了建设项目的一般周期。在第3章中,介绍了实施项目的各种各样的组织结构并分析了各种结构对项目实施的影响。可建筑性是第4章的主题,主要介绍提高生产率的设计—施工—体化的概念,从而提高施工过程的效率。第5章通过分析技术要素和投资评估着重讨论技术问题,以确保项目的经济效益。第6章解释并讨论近些年发展起来的课题——价值管理,该方法探讨如何分析并作出决策;附录有一篇研讨风险管理的文章。第7章介绍的是建筑工程造价预测的方法,包括费用计划的常用方法。第8章在分析承包商(及其他角色)的项目投标定价过程的同时——通常是竞争性投标,还讨论了选择承包商(咨询公司,分包商等)的方法。假设项目的合同额业已确定,第9章的主题是施工阶段的费用控制——工料测量师展示其技能和专业知识的主要领域;因此本章内容包括费用控制的概念,现金流量模型与分析以及建设融资。第10章涉及竣工项目的进驻和使用——包括物业管理,使用评价(POE)及基建投资和寿命期费用。最后的附录包括部分摘自英国皇家特许营造师协会(CIOB)的风险管理和决策以及摘自英国皇家特许测量师协会(RICS)的费用分析标准格式,现值表(用于折现现金流量分析)。

鸣　谢

我们希望所有读者感到本书实用、有趣且内容充实。我们的同事何伯森教授，翻译本书的刘允延副教授、郑如喜先生、陆晓村先生、王韬先生，校译房照阳先生，审校梁鑑先生，校对丁永书先生、万彩芸女士、刘雯女士以及中建总公司培训中心的吴庚辰主任对本书的出版均给予了极大的帮助，在此对他们表示感谢。书中由于各种原因而导致的错误、遗漏都应由作者自己负责。

Richard Fellows,
廖美薇
中国　香港　2000 年 3 月

目　　录

第1章 绪 论

本章主要讨论了工料测量师的作用及其发展趋势，以及为了适应这一发展趋势，教育部门应着重讲授的五个领域的知识。

第1节 工料测量师的作用

英国皇家特许测量师协会（RICS）1971年规定的工料测量师（QS——Quantity Surveyor）的作用为："（工料测量师）除了别的作用以外，最主要的是在建设的全过程中通过向业主和设计方提供项目的财务管理和造价咨询服务来确保建筑业的资源能最有效地为社会所利用。工料测量师的独特能力是在建筑领域中的计量和估价技术，他们可以对（建设项目的）费用和价格进行预测、分析、计划、控制和解释"。

自70年代以来，工料测量师的专业知识逐渐发展到建筑、民用和工业项目施工、机械和电气设备以及项目管理等领域的费用规划和控制。80年代，英国皇家特许测量师协会（RICS）1983年将工料测量师的作用修改为：

- 提出最适宜的项目实施方式，选择、组织和评价投标书，以及合同管理
- 规划、估价和控制费用，评价设计方案，作可行性研究
- 提出费用控制基准和作预算
- 提出项目寿命周期费用
- 进行成本效益分析
- 将复杂项目分解成易于管理的分项工作
- 说明和计量施工有关工作
- 制订合同文件，比如工程量表等，但不局限于此
- 确定完成的施工工程量的价值，在施工中实施费用控制，确定变更和可能的变更引起的造价变化。
- 提出现金流量预测
- 安排资源供应时间表
- 编制设计和施工工作的进度计划，应用网络分析技巧，履行项目管理和施工管理
- 为项目投保进行估价，就保险索赔提出意见
- 分包合同管理
- 项目最终结算
- 费用分析
- 出意见并解决合同纠纷和索赔
- 制订并管理维护计划
- 计算机技术的使用

- 对税收、奖金和财务事项提出建议，预测支出情况

从 90 年代到 21 世纪以后，上述的工料测量师的作用将进一步发展为向业主提供更加广泛的服务。随着全球经济的快速发展，建筑项目变得更复杂，业主变得更老练，要求更高，建筑业界的所有专业人员的专业知识和技能必须跟上这种发展。工料测量师在施工合同中的费用控制的背景为专业化的项目管理提供了基础。工料测量师日益广泛的作用可能持续延伸到更广泛的领域，它愈来愈多地涉及到房地产和施工领域中获得资源和管理资源的复杂过程。

70 年代以前的工料测量师的费用管理和计量的角色正在逐步扩展以满足业主更加广泛的需要。目前，工料测量师在项目全过程或施工阶段起着广泛的管理和协调的作用。他们受承包商、分包商、业主、房地产开发商及其他人士雇佣，并主要为他们提供项目管理、人力资源规划和控制等服务。

如皇家特许测量师协会（RICS），1983 年指出：从一个项目的开始到竣工，由工料测量师提供的独立的造价咨询意见对业主来说是极为重要的。聘用独立的工料测量顾问，允许并鼓励他们不受参与项目的其他人的影响自主开展工作，无论是对公共部门还是私人机构都至关重要。

业主们需要提供的服务为：

- 必须明确业主的总体目标和目的
- 经常推荐新的项目实施方式
- 要恰当报告与项目有关的财务和其他重要事项
- 必须有效地控制费用，估价必须与招标或项目结算相协调
- 需要对市场趋势的变化作出预测
- 应充分评价与“可建筑性”有关的施工进度计划和各种因素
- 公平对待合同中的所有各方，不应一味维护业主的最大利益
- 必须充分理解项目的服务要求和需要

如果业主在项目的开始就能任命独立的工料测量师，上述要求就能很好地实现。往往在项目实施过程的后期才任命工料测量师，以提供某些费用咨询服务来代替其全部作用。工料测量师处于项目实施过程的核心地位，他所提供的独立的咨询意见对于指导业主选择最佳的项目实施方式是至关重要的。

目前，香港测量师协会（HKIS——the Hong Kong Institute of Surveyors）为建筑业主提供下述服务：

- 初步费用咨询
- 费用计划
- 编制招标文件并就合同价格进行谈判
- 准备合同文件并参与合同管理
- 作出现金流量预测并对项目实施费用控制
- 项目管理
- 在仲裁和争端中提供专家证据
- 评估保险的重置价值

关于工料测量师作用的未来发展，英国皇家特许测量师协会（RICS）1983 年发表了

一份报告，强调了下述各方面：

1. 战略管理

工料测量师一直是技术和专业服务的重要提供者，而且被越来越多地要求在管理方面就战略性问题提出咨询意见。

2. 承包管理

工料测量师在会计学和经济学方面的技能，与施工过程、造价和统计的基本知识相结合，为其涉足从现场规划到战略规划的各级管理工作提供了理想的知识背景。

3. 数学基础和应用能力

工料测量师可能涉及到运筹学和计量经济学，因此需要加深对数学模型的理解，并评价政府对建筑业的总体政策带来的影响。

4. 项目管理

业主们越来越意识到他们需要高效率的管理。工料测量师对费用、工期和合同的管理构成了项目管理的基础。

5. 多专业性的工作

为了对商业压力作出反应，由于新技术的成效所带来的推动力，以及对建筑业业主们的需求作出迅速反应的必要性，参与建筑项目的、性质截然不同的各方需要更紧密地结合起来。业主们将寻求建筑产品的单一来源以改变目前的专业技术的多头负责的状况。那种能向业主提供完整的设计和施工服务的多专业性单位，或向多专业方向发展的技术小组能够在整个项目实施过程中向业主提供设计和管理服务，将是推动工料测量师行业发展的途径。

6. 对项目实施方式提出建议

虽然以前的竞争主要体现在投标价格上，但工期的限制也是同样重要的。造价和工期是相互依存的，而大多数项目在实施过程的设计阶段忽略了后一方面。业主们日益倾向于非传统的实施过程，希望他们的项目能较快竣工且造价有较大的确定性。工料测量师必须努力使自己以独立的“费用经理”的身份为广大业主所雇佣，并使他们在更大程度上认同多种方法，都可使他们获得竞争性投标。工料测量师的技术和知识对于所有项目实施方式都是不可缺少的。

7. 总费用

过去业主一直是着眼于基建投资，而不考虑项目寿命周期的运行费用。然而快速增长的运行费用和人工工资已经迫使业主以长远观点看待建筑物的总投入。工料测量师有经济分析的专业知识。他们应使业主注意到影响利润和成本的因素，从而使得业主在多种设计方案中进行选择时能够考虑到这些因素的费用影响。比如项目周期、折现率、通货膨胀率、余值和不确定因素估量（风险分析）都应在考虑之列。

为了与工料测量学的发展相一致，教育部门特别是大学必须高瞻远瞩，以培养出能够适应这一发展趋势的毕业生。

第2节　教育和培训

大多数涉及工料测量专业的人员都应参加全日制或业余学位课程的学习。修业合格才准予参与有关工作是进入该行业的主要方法。工料测量学教育着重五个领域：

- 经济学
- 管理
- 施工技术
- 法律
- 信息交流：如通过包括CAD（计算机辅助设计）在内的信息技术知识制成的图纸和合同文件。

所有上述内容可向年轻的工料测量师提供发展所必需的核心知识，使毕业生在用其书本知识解决实际问题时能够发挥其分析能力。

在70年代，英国皇家特许测量师协会意识到，毕业生如果进入了该行业，必须进行在岗培训，使他们能适应工作要求。该行业利用从毕业生毕业到"专业能力评价"（Assessment of Professional Competence，APC）这段时间指导他们，以使他们的理论知识贯彻到当代工料测量的实践中去。该行业不仅意识到教育质量的要求，还意识到它有责任去满足指导实际工料测量技巧的需要。

如果某项专业训练与研究和开发领域的实际工作无关，它就会成为一种死记硬背式的说教。该行业将得益于由大学提供的高质量的专业教育，并伴以严谨的实际训练，来造就有知识、有创造力、有技术的工料测量师，以适应变化中的世界。一个由雇主正式建立起来的培训过程（发展毕业生的技术能力及其解决问题的方法），对于使毕业生参与"专业能力评价（APC）"作好准备是必不可少的。

本行业将继续要求技术员为专业行为作辅助工作，但个人或组织使用技术员的范围要根据从事工作的性质和使用的组织结构而定。技术员的来源可通过较低专业水平的非学历教育来得到。

本书介绍了作为一个工料测量师其专业发展所需的基础知识的各主要方面。这10章书所提供的信息包括经济学和项目实施方式的管理——均是作为一个工料测量师所必须具备的基本知识。

第3节　RICS当前的发展

世纪之交，RICS进行了改革。此次RICS改革的重点之一在于创建16个"科目（falculty）"，以增强对其成员专业方面的支持，相比以前的"部门式结构"（如建筑测量部门、质量测量部门等），其支持范围要更为宽广。

各专业科目的设置如下所示：

古董和艺术品	· 代表客户销售、购买及评估和评价古董、艺术品和私人物品
建造测量	· 建筑物的维护，保险鉴定和索赔，维护和测量
	· 建造管制和控制
	· 建筑设计，包括对残疾人设施的设计
	· 毁坏程度的测量（不包括估价）
	· 能源利用率的测量
	· 房屋维修项目，如共用墙、光井等

商业财产	·商用及闲置财产的代理和管理（不包括建造保险的鉴定和索赔）
	·租赁审查及续租
施工	·施工策略的咨询
	·施工管理、施工经济学、施工计划、合同及材料的采购、与施工有关的一切健康和安全管理
	·工民建、重工业、机械、电子、石油和仪表工程的专业测量服务
争端解决	·一切与房地产、建设及环境保护相关的纠纷的调停和仲裁
	·谈判的技巧，包括暗示潜在的争端的技巧
环境	·环境评估和管理
	·用地污染和调查
设施管理	·设施管理
	·商业搬迁
地质	·水文测量、测绘和定位
	·边界的确定
	·陆地和海洋信息管理
管理咨询	·商业管理和商业管理咨询
	·破产的操作
	·接收
矿产和废弃物管理	·矿产的代理和管理
	·废弃物管理
计划及开发	·土地和财产使用要求书的评估，包括对交通基础设施的要求书的评估
	·计划及开发的政策和控制
	·开发和重建的评估及有关的计划和实施过程
	·强制购买和相关补偿
	·海洋及水资源管理
厂房和机械	·厂房和机械的代理和评估
项目管理	·对资产和施工业的项目管理
住房资产	·代理
	·资产的租赁和管理
	·适用于所有类型的资产的代理法规
	·租赁的审查和续租
	·买卖住所时对住所资产的购买测量、建造测量及对保险恢复费用的估价
	·新建住所优质施工的证明
	·住所资产的估价
乡村	·乡村资产咨询、代理和管理
	·乡村土地、海岸、农林牧副业的管理和评估
	·租赁的审查和续租

	· 牲畜拍卖、估价和赔偿
估价	· 各种类型公司都通用的土地、财产和商务估价
	· 赔偿的基础和评价
	· 投资鉴定、实施监测和分析以及决策
	· 房地产估价和财产税法及操作
	· 资产融资
	· 为代理和估价所作的资产计量

据 RICS 说明，将测量专业的研究领域划分到各科目的意图如下：

• 针对 APC（专业能力鉴定）将能力的体现具体化，方便各级成员宣传其成就

• 对管理实践中的各种标准进行定义，调查违背行业行为和惯例决策的突出事件，将此类案例和其他不够专业化的行为提交本机构加以规范

• 实践指南及信息的编写和宣传

• 服务和一般格式的定义

• 提供网络工作的培训、设备和机会

• 提出和规定新的专业资格审查条件

• 研究课题的选定和授予

• 帮助成员针对特殊的服务内容向客户提供服务和建议

• 向制定政策的各委员会就法律或本机构的规章应做出的修改提出建议

• 在其他有关单位往来时，代表本机构的利益，但训练方法的商业化推广除外。

如果 RICS 的一个合格专业人员要想被指定为特许工料测量师，他（她）就必须加入施工科目。特许工料测量师最多可以参加 4 个科目，如施工、项目管理、设施管理和争端解决。要得到有关专业科目的进一步信息可以在网上浏览 RICS 的站点 www.rics.org，也可向 falcultyenquiries@rics.org.uk 发电子邮件查询。

第 4 节　建筑业和因特网

对企业来说，因特网提供了一个在能够接触全球各地的顾客的同时又可降低交易费用和缩短沟通时间的机会。为了充分利用因特网的潜在资源，各公司都应重新考虑其商务计划和策略，这已逐渐成为人们的共识。因特网提供了一个客户、承包商和供应商之间进行联系的平台；利用虚拟交易系统的好处，至关重要的一点在于公开交换信息。因特网提供的透明性是改变商业策略的驱动力量。顾客可以从数不胜数的产品中进行选择，这意味着各公司必须提高效率，他们之间的竞争将更为激烈。因为认识到因特网将成为削减成本的强大力量，人们在网上建立了一系列买方和卖方的交易系统，使用万维网作为市场营销和进行交易的工具。

建筑业因为其分散的性质必将受益于电子商务：因特网可以帮助客户选择承包商和供应商。特别是，因特网可以向建筑单位提供解决目前项目工期延误和费用超支问题的工具和基础设施，同时还可以向客户提供更好的服务。同时，一向被大型公司所轻视的中小型公司，可以取得更大的市场份额，并在一个公平的基础上与资源丰富的公司进行竞争。因特网对于建筑业的另一个主要好处在于因特网能够为更好地进行项目管理提供便利条件。

项目涉及成百上千的个体，其范围涵盖全国甚至数个大洲，因此内部的关系非常复杂，因特网有助于高效地沟通、较少超支和防止项目延期。

建造在线网（www.build-online.com）宣布丢失文件和缺乏沟通使施工成本增加了20%～30%。据估计，因为其网站的使用提高了生产率，英国建筑市场每年可以节约大量的资金，施工工期缩减了15%。美国的招标网站（www.bidcom.com）和建造网（www.buildnet.com）都宣称将建筑市场带入因特网可以节约30%～35%的项目成本。二者都认为通过将项目放到网上平台上（hosting）并将合同双方的纸上交易（包括采购）转移到网上进行，可以进一步的节约成本。

Kjatri（2000）认为，供应链的一体化和信息在客户、承包商以及供应商之间的自由共享有可能使得建筑公司及其客户的利益最大化。这样做要求各公司公开其敏感性的信息，彼此之间更加信任。然而，因为各公司可以更好地根据需求管理生产和库存，供应链上的生产率可以进一步得到提高。如果使用的平台是独立的并且值得信任，那么进一步开放信息流对各公司将不再成为一个问题。

要使因特网起作用，需要大批的公司加入到平台上来。建筑业在起步时可能会降低速度。但是，因为其分散的特性建筑业的受益会随着生产率的提高而增大，并且其利益在供应链上的分配可能会更为公平。预测由因特网带来的好处如下：

- 项目管理

如果各公司能够将他们的项目放到网上平台上，公司的主要管理人员就可以得知主要的信息并及时注意到其发生的变化。网络可以使得整个项目队伍都能存储和评价一切文件，包括图纸、规范和合同。

网络的网上平台功能加速了设计的过程，因为主要的参与者在每一个项目的早期阶段就可以得到被公开的信息。这使得供应商在设计的早期阶段就有机会加入到项目中来。接着他们可以按照设计生产出满足特殊需求的项目，任何潜在的问题都可以尽早确定。因特网使得轻轻一击鼠标就可以立即对设计做出改动。它同时让用户能够将产品规范从因特网页中传送到设计软件中，让设计师立即看出一个产品是否适用。

- 分流定级

通过使用项目网站平台，因特网使得建筑业可以进行高度快速的资讯交流，让从业人员能够更高效快捷地得到各网上企业的营运资料。随着经过系统的项目的数目的增加，因特网可以对建筑过程的每一个阶段提供有价值的数据。

- 材料

通过网上拍卖，可以降低材料费用。网站上出现了越来越多的反拍卖，在反拍卖中供应商彼此竞争，说明在什么价格上他们可以满足某一特定的订单。某些材料运输费用昂贵的问题仍然会存在，即使其价格可能会有所降低，但是，因特网有助于提高透明度并对价格施加向下的压力。

- 交易成本

现在承包商和供应商已经不需要使用成箱累牍的纸上文件，这样就节省了发送文件、设计蓝图、技术文件和法律合同的时间。对于送货商和供应商来说，买方的市场范围超越了传统的界限将降低进行大范围宣传联系的成本。公司还能受益于降低的手续费，产品目录和价格也能迅速的得到更新。

通过使用用WAP（无线上网协议）技术上网的电话等移动设备，可以更加容易地得到信息。WAP使得因特网用户可以不用计算机就能下载信息。此技术还处在萌芽阶段，但汽车工业已经在开发新的WAP站点。一家美国网站甚至已安装了向其客户和承包商提供施工现场的实时图像的远程电视传感器。

由于所有的项目参与者都可以得到实时的信息，建筑业可以发展适时服务和适时送货的技术。因为可以进入在线信息而减少了库存量，所以流动资金和现场的空间被释放出来。技术发展的高速步伐意味着各公司必须不断升级设备和系统才能在竞争中走在前列。

思 考 题

1. 结合建设项目的管理，叙述并评价工料测量师的作用。
2. 解释并讨论为什么工料测量师在建筑业中被称为“费用警察”。
3. 简述工料测量师教育和培训中的5个要点，并论述为什么这5点是十分重要的。

参 考 资 料

1. Kolesar S.H. *Choosing your faculties and region*. Letter sent to RICS membership, May 2000. Royal Institution of Chartered Surveyors.
2. Khatri M. The construction industry hits the internet. CS< *Chartered Quantity Surveyor monthly*. May 2000 pp 28-9. Royal Institution of Chartered Surveyors.

第2章　项目寿命周期

本章主要介绍了项目寿命周期按决策要点划分的四个阶段：(1) 概念阶段；(2) 初始阶段；(3) 实施阶段；(4) 使用阶段，以及各阶段的重要工作内容。

第1节　概　　述

寿命周期管理（Life Cycle Management）是项目的最主要的特性之一，项目的寿命周期（Project Life Cycle）（见图2.1）是用来描述项目管理的专门术语，它是指对系统、产品或项目在其整个使用寿命过程中进行的管理。由于寿命周期反映了项目各个不同阶段完全不同的管理要求，因此寿命周期管理必不可少。当人们考虑到用于适当描述输入或输出系统的方法有其可变性时，寿命周期固有的动态特性就表现得十分突出。项目寿命周期的不同阶段表现出投入各项活动的人力具有不同构成比例的特点。不同输入和输出方法的可变性及在寿命周期某一阶段比在其他阶段更加适用的特性显示项目管理必须集中在那些关键方面。这些关键方面是指项目的造价、工期和项目的性能。项目的造价是指消耗的资源（用消耗率，有时用累积消耗总量来确定）。工期是指按排定的工期计划表实施的时间进度。项目的性能通常是用项目满足技术要求或达到预先确定的目标的程度来进行评价。由于与项目有关的资源（输入）和输出的构成在其寿命周期内不断变化，因而在项目的不同阶段也要选择适当的管理方法和管理策略。

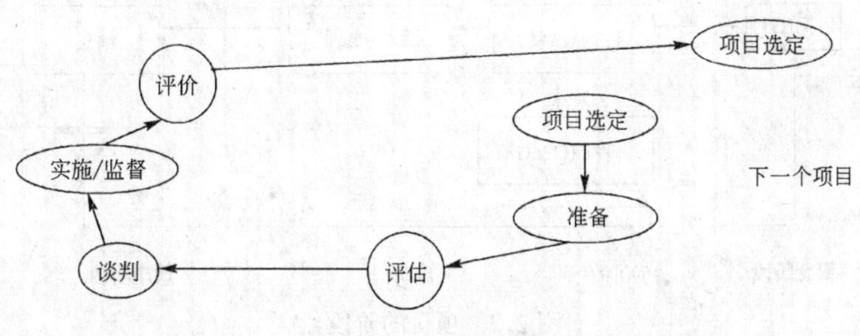

图2.1　项目寿命周期

项目寿命周期（如世界银行项目）有六个互相衔接的步骤：选定（Identification）、准备（Preparation）、评估（Appraisal）、谈判（Negotiations）、实施（Implementation）及监督（Supervision）和评价（Evaluation）（Baum，1978）。事实上，尽管人们可以从过去的经验中获得知识，但绝不可能回到过去。因此，项目的周期都是螺旋式上升，按着需要的步骤循环往复，但总是移向新的项目。

项目管理（Project Management）的定义为“…为复杂投资提供持续的、强化的和综合的管理（Butler，1973）”并且将人力和非人力的资源组合成“…一个为达到既定目标的临时项目组织（Cleland and King，1983）”该项目组织的建立是要在限定的时期内完成一系列规定明确的目标——给一个产品从概念及开发阶段到全面实施确定全新的概念。当这些细致规定的目标得以实现，产品即告完成，项目组织亦告终止。这样一来，项目是有一个清晰、明确、有确定含义的寿命周期，项目的这个特性一直被用来作为区分它和较为传统的“功能性”组织（“Functional” Organization）之间的标准（Adams and Barndt，1983）。

项目组织（Project Organization）是为了完成总进度计划要求完成的特定目标或任务而建立起来的。项目管理的本质在于计划和控制那些属于一次性的工作，因此包括项目本身和计划两个方面的管理。业主通常需在事先确定的项目性能要求、工期要求和费用限额等关键因素内完成项目。这些因素确定了项目的目标。项目组织展示了一个可预见的寿命周期：它“诞生”于业主作出需要该“产品”的决定之时；“成长”于规划和早中期的实施阶段，因为在此期间需要大量投入财力、人力、生产设施、管理时间及其他资源；“消退”于目标即将完成和不再需要的各种资源被用到其他工程之时；“消亡”于新产品的责任移交给“功能性”的组织机构——整个项目的最终“客户”，这时项目周期进入使用阶段。当一个项目开始了寿命周期，它将经历相同的阶段，每个阶段因任务性质不同而有所区别，同时，这些阶段又可以用不同的正式的决策点来划分，在这些决策点上，（决策者）将确定项目的上一阶段是否成功，项目是否可以转向下一阶段（Archibald，1976，Walker，1989）。学者们总结出 3 至 6 个独立阶段，但所用术语未能统一。总的看法是项目每个阶段应包含不同的管理内容并体现不同的需要完成的各种任务（Roman，1968）。

本书采纳的项目阶段如下（见图 2.2）：

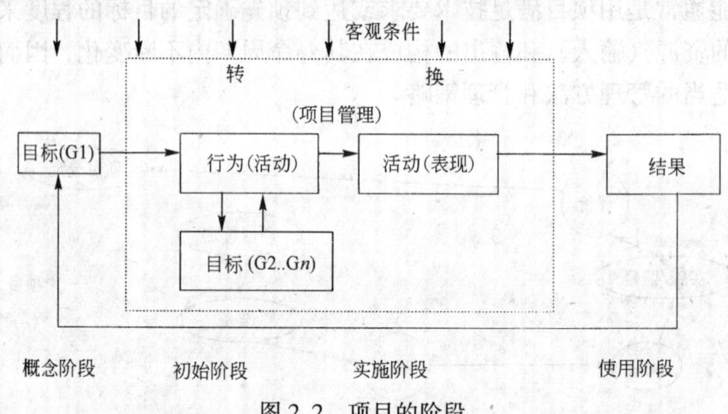

图 2.2　项目的阶段

- 概念阶段（项目选定）
- 初始阶段（准备和评估）
- 实施阶段（谈判和实施/监督）
- 使用阶段（评价）

将来的（可能的）业主的目的/目标引发的一系列的决策，决定了后面的行为表现。概念阶段结束时，如果决策是获得一个房地产项目，那么在初始阶段中的决策会在各种方案中进行，例如是要获得已有的建筑还是要建造一个新建筑等等（这些可选方案用 G2 至 G*n* 表示）；如果决定是建造一个新建筑，那么必要的行动将使决策转化为实施行为，随后建设成任由众人评说的建筑。

在项目寿命周期的每一阶段（按决策要点划分），项目组织内需要有不同的层次和不同的观点去评价整个项目系统的效力（见表2.1）。

项 目 阶 段 **表2.1**

项目阶段	工 作 内 容
概 念 阶 段	项目选定 1. 确定（功能性）组织的需要或潜在不足 2. 制定项目建议书，提供满足需要或弥合潜在不足的初步策略指导 3. 确定项目建议书的技术、环保和经济上的可行性和可实施性 4. 考察能够满足各个目标的不同途径
初 始 阶 段 （可行性研究）	准备和评估 1. 针对各个方案，提出初步的费用、时间和回报以及这些方案同现实情况的兼容性 2. 确定各种方案所需的人力资源与非人力资源 3. 选择一个能满足目标的项目（最佳）方案 4. 确定项目要求与现有组织机构管理的相互关系 5. 建立项目组织具体管理与项目有关的事务
实 施 阶 段	招标前 1. 确定项目的实施方式，选择并得到建设用地，准备合同文件 2. 安排项目的总进度计划 3. 项目费用计划 4. 详细设计及施工准备 招标 5. 招标文件和招标程序 合同期 6. 费用控制 7. 工期控制 8. 质量控制 9. 试运行和移交
使 用 阶 段	1. 项目审核 2. 物业管理 3. 反馈

第2节 概念阶段（项目选定）

在概念阶段（Conception Phase），需要的是商务决策而非建设决策。如果作出了不需要建设新的项目的决定，那么可能成为业主的组织就不会成为真正的业主。业主一词常指建设项目的发起人，他要筹措项目必须的资金、提供信息资料，而且对建设项目拥有绝对的影响力（Walker，1989）。除了建设房地产项目以外，还有其他满足业主目标要求的途径，如①资产的处置；②移交；③产品/工艺变更；④获得除房地产项目以外的其他方案。项目概念阶段必须在客观条件下综合考虑每一个可选方案，而最终决策应在充分考虑了外部因素影响的基础上作出。

由于每一种可选方案都需要有大量的工作投入，因而选择最佳的方案非常重要。在决策过程中应尽早查明和淘汰那些差的方案。有三种主要的决策方法，即筛选法、评价法和组合分析法（Sounder，1983）。随着决策过程从筛选法转向组合分析法，需要考虑的因素越来越多，其程序也变得更加复杂。随着时间的推移，这三种决策方法也因可用资源及资金的变化，或新方案的提出而多次反复运用。为作出项目选择，在概念阶段和初始阶段均会采用下面介绍的方法，使用哪一种方法取决于手头现有的资料情况。在概念阶段，（业主）组织可能比较可选方案 S1（资产的处置）和可选方案 S2（房地产的获得）以改善公司的资产负债表的情况。假如选择了 S2，（业主）组织就成为建筑业的业主，在初始阶段，下述相同决策方法也会用于可选方案的比较，如购买新建筑与建造一个建筑。在每一个阶段，方案的可行性均要进行技术的、财务的、经济的、社会的和行业的分析。

一、筛选模型（Screening Models）

（一）简表模型（Profile Model）

简表模型简单、易用、直观（见表 2.2）。显而易见，在这个表中可选方案 S1 的情况，优于可选方案 S2。但是，简表模型不能表示各个标准之间的可比性，例如很难知道 S1 在标准 A、C、D 中 S1 的优势能否抵消它在标准 B 中的一般表现。

简 表 模 型 **表 2.2**

标 准	满足标准的程度		
	高	中	低
A	S1		S2
B	S2	S1	
C	S1	S2	
D	S1		S2

（二）检查表（Checklists）

每一种可选方案都要决策者进行主观评价并按标准进行评判打分。评判得分是按事先设计的能将主观评价转化为量化的分数等级确定的。最终得分是各评判标准得分的总和。

$T_j = \Sigma S_{ij}$　式中 T_j 为可选方案 J 的总得分，S_{ij} 为可选方案 j 在 i 标准中的得分。

（三）分数模型（Scoring Model）

这是检查表方法的一种，每一项目的分数模型中的标准得分与该项标准的权数 W_i 相乘然后相加，求得每一可选方案的总得分 T_j

$T_j = \Sigma W_i S_{ij}$　式中 S_{ij} 为可选方案 j 在第 i 个标准中的得分，W_i 为该标准的权数

（四）边界模型（Frontier Model）

图 2.3 显示了 5 个不同可选方案的边界模型结果。各方案的风险和回报都被表示了出来。有效边界与最优的回报/风险率线是一致的。如方案 S5 比 S2 的回报/风险更有吸引力（S5 与 S2 有相同的回报，而它的风险较低）。

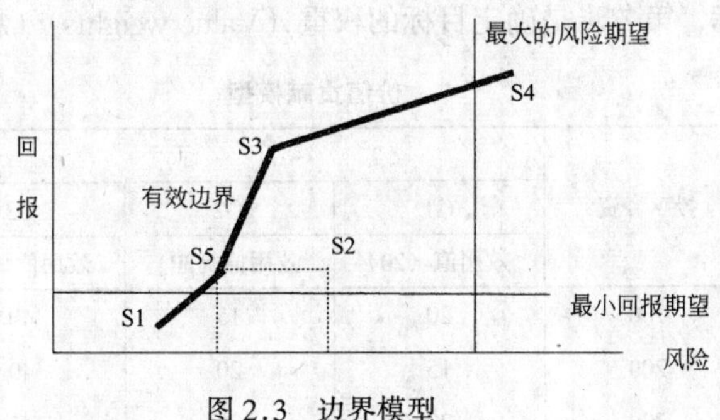

图 2.3 边界模型

二、评价模型（Evaluation Model）

（一）经济指数模型（Economic Index Model）

指数模型实际上是两个变量的比率，指数就是它们的商。改变变量的值就改变了商的值或指数的值。最常用的指数模型就是投资回报率（Return on Investment，ROI）指数模型。

$$投资回报率指数 = \sum_i R_i / (1+r)^i / \sum_i I_i / (1+r)^i$$

式中 R_i——在 i 年中项目预期的净收益；

I_i——在 i 年中项目预期的投资；

r——利率。

财务管理领域中有其他的指数模型。

（二）风险分析模型（Risk Analysis Model）

风险分析模型为每一可选方案提供了一个完整的结果分布图（图 2.4）。可选方案 S1 的最有可能的寿命周期利润低于方案 S2 的，但是方案 S1 获得预期回报的可能性是比较大的。根据这些数据，保守者倾向于选择方案 S1。冒险者则倾向于选择获得较高预期回报的方案 S2，虽然方案 S2 得到预期回报的概率较小。因而风险分析方法使人们能够更加清楚地看到保守者和冒险者各自不同的决策方法。

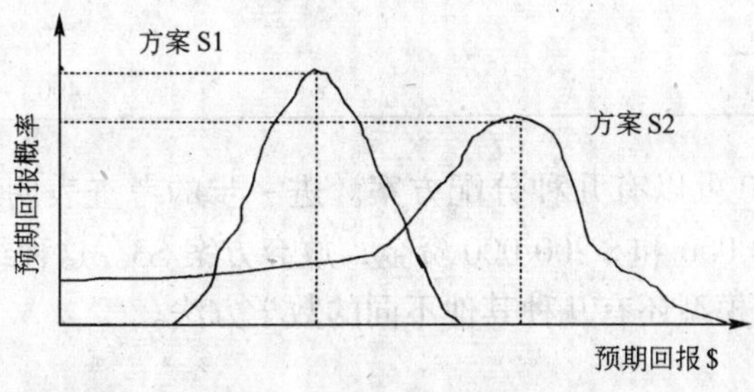

图 2.4 风险分析模型

用于进行风险分析分布一般方法包括曲线适配技术、蒙特·卡罗模拟方法和模型方法。

（三）价值贡献模型（Value-contribution Model）

价值贡献模型是让决策者考查不同项目方案对自己各层次目标的贡献程度（表 2.3）。第一步是明确目标，第二步是确定目标的权重（Value-weights）（总权重为 100）。

价值贡献模型 **表 2.3**

可选方案	投　资	目　标			总目标效用值
		G1	G2	G3	
		效用值（20）	效用值（30）	效用值（50）	
S1	100	20	15	40	75
S2	200	15	20	40	75
S3	300	20	30	45	95

相对价值贡献

S1 = 75/100 = 0.75，排第 1；

S2 = 75/200 = 0.375，排第 2；

S3 = 95/300 = 0.317，排第 3。

三、组合模型（Portfolio Models）

下面的例子是在三个可选方案中确定对可利用资金的最佳分配组合方案（表 2.4）。

组　合　模　型 **表 2.4**

可利用资金：300，000	预期利润		
不同的资金投入	方案 1	方案 2	方案 3
0	0	0	0
100 000	100	140	20
200 000	250	300	200
300 000	310	330	350
最佳组合	预期利润		
S1 = 100 000	100		
S2 = 200 000	300		
—	—		
300 000	400		

可用资金 $ 300 000 可以有几种分配方案。进一步的考查表明最佳分配是向方案 S1 和方案 S2 各提供 $ 100 000 和 $ 200 000 资金，放弃方案 S3。这种组合分析将找出最大可能的预期总利润。组合模型还有几种其他不同的数学方法。

第 3 节　初始阶段（准备和评估）

在概念阶段，如果业主机构依据客观条件作出了获得房地产的初步可行性决策（initial feasible decision)。获得房地产包括原有或新置地产，或对所拥有的产业进行更新改造 (Walker，1989)。项目概念阶段认定的优选方案，如获得房地产项目，包含若干个被视为中期可行性决策的可选方案。从多个方案中确定某一个方案，使项目的进程更加接近于最终完成的过程被称为项目的初始阶段（Inception Phase)。中期可行性决策由所选定的方案满足业主的目标的程度来确定。

决定要获得房地产后（一个关键的决策点)，(可能的）业主便进入了初始阶段，此时他将面对受不同技术、财务、社会和政治等因素影响的若干选择方案。这些选择方案可能是（Walker，1989)：

· 购买一幢现有建筑；
· 租赁一幢现有建筑；
· 建造一幢新的建筑；
· 改造一幢自己已拥有的现有建筑。

前述决策模型可以用于淘汰不可行的方案，并能初步找出可以获得最佳回报或利润率的方案。假如决策结果是建造一幢新建筑，那么可能的业主现在就转变成了建筑业的真正的业主。他接着会面临着下一个决策点：各个方案的建设场地和回报率又不相同。为了在可选方案中选择一个项目，业主可能再次应用前述的决策模型进行可行性研究（Feasibility Study)。见图 2.5 可行性研究。

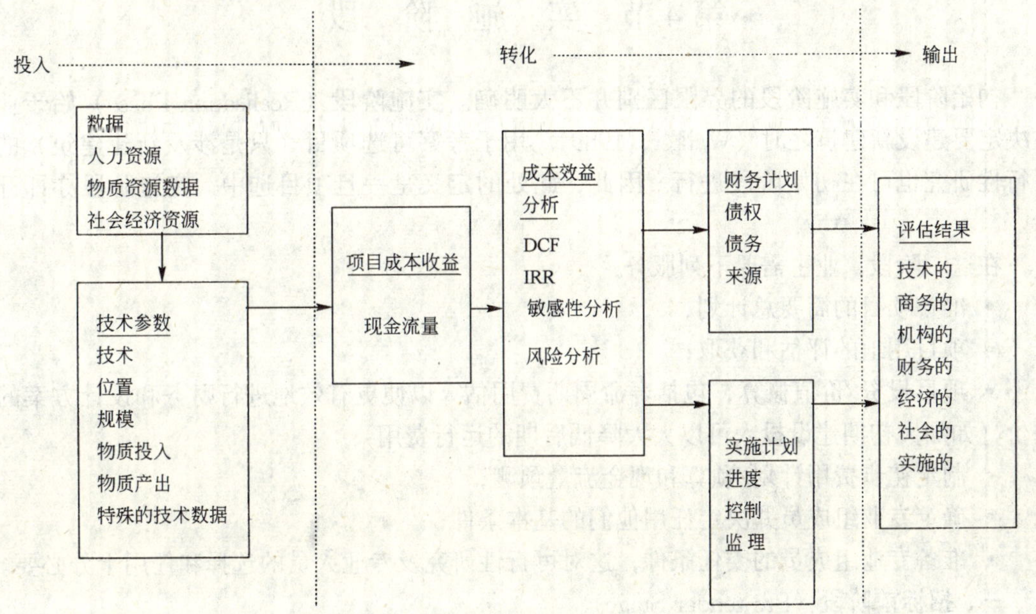

图 2.5　可行性研究

为了能在项目的初始阶段选择一个适宜的项目，项目组需要有一个较大的投入，而且，还需要一个擅长于房地产或建设的组织同业主一同工作以选定一个最能满足业主需求的方案。然而现实中的实际情况却不是这样，他们只能在业主认为能很好地满足自身需求的方案上做文章。如果业主在这个过程中使用项目组人员，将对业主有效的利用竣工后的建筑以及项目组提高工作的针对性都有好处。

通常要考虑下列几个方面：

· 所需的设施类型及用途；

· 使用者需要；

· 时间标准；

· 造价标准。

业主需要克服若干困难（如得不到项目资源），需要开发现有设施，需要考虑各种可选择的地点以及潜在的费用，因此，风险控制至关重要。在项目的初始阶段，要进行下述各方面因素的可行性研究，如土地的获得、现场条件、财务可行性、资金筹措、许可证、税收、预租（在某些情况下）和规划批准。要使项目成功，所有参与者的精诚合作是基础。

业主的建设要求（建设大纲）也是在这一阶段形成的。这是将业主的目标转化为造价、时间、性能、设施功能等参数的重要文件。

业主需要下列服务

• 拟定财务方案；

• 协调准备可行性报告和推荐；

• 在可行性报告基础上推荐项目可行的决策。

第4节　实　施　阶　段

初始阶段和实施阶段的界限区别并不太明确。实施阶段（Realisation Phase）始于业主决定要建设新建筑之时（Walker，1989）。用于考察可选项目（只是涉及新建建筑）的可行性研究也可在初始阶段进行。因此，此处的定义是一旦项目选中，实施阶段亦即开始。

在这一阶段，业主需要下列服务：

• 准备项目的简要总计划；

• 项目用地的评估和获取；

• 项目投资/价值概算，包括寿命周期费用估算以便更有效地进行财务和设计方案的评价（如加大初期建设投入可以大大降低后期的运行费用）；

• 制定初步费用计划/预算和现金流量预测；

• 确定专业组成员并决定任用他们的基本条件；

• 准备专业组成员的委任条件，这对可行性研究及专业人员的选择和任用十分必要。

一、招标前阶段（Pre-tender Stage）

业主的建设要求是项目的基础文件，是一份专门说明对该项目的要求的正式文件。理论上讲，详细设计开始后建设要求是不能进行改变的，因为它包含着让专业人员（设计和造价咨询）据以完成概念设计的信息资料。频繁的变更会导致作无用功和浪费资源（见图2.6）。

这时候，业主需要以下服务：

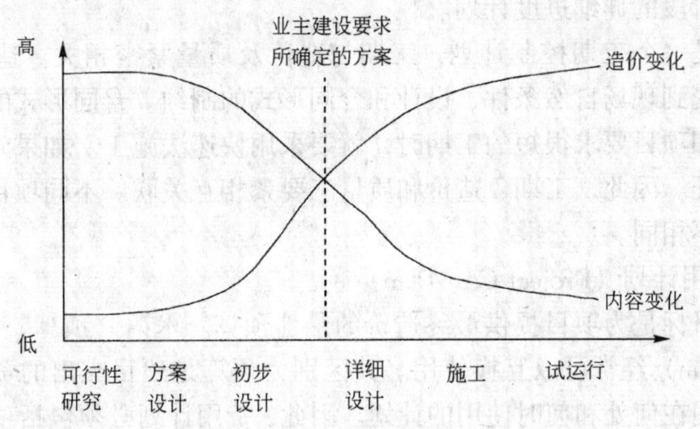

图 2.6 项目内容与造价的变化

· 选定一个项目实施策略；

· 在简要的总进度计划基础上准备总施工计划；

· 审查费用计划；

· 审查与合约、土地、财务安排、保险、税收、租约（如有的话）有关的法律和财务文件草案；

· 研究规划部门的批件和简要实施策略；

· 按照施工方案和成本计划监督专业组的设计工作。

（一）项目实施战略（Procurement Strategy）

业主的建设要求决定了新建筑的实施，同时还必须确定新建筑的实施方式（见第 3 章）。一个典型的项目实施方式包含以下内容（CIOB，1992）：

• 准备一份对现场和设施/建筑的目标/要求的说明并征得业主同意；

• 准备一份选择建设场地的技术要求和基于目标/要求的建设场地的评估标准；

• 制定简要资金筹措计划；

• 确定专业人员与业主的责任；

• 依据拟订标准实施建设场地考察并收集现场数据；

• 制定项目选址和获得的计划，并根据计划监控进度；

• 依据标准对各建设场地进行评价，然后选择其一；

• 进行初步方案设计，估算建设费用；

• 委托顾问确定与获取建设场地有关的具体财务计划；

• 与业主和专业组现有成员一起审查项目建设要求；

• 与业主商量后，建立项目管理机构并确定参与人的作用和责任，包括与业主的联系及有关沟通渠道和要求作出决策的时间点；

• 从最早的设计建设要求阶段直到设计完成都要有效地运用价值管理。重点强调实现“资金的价值”；

• 制定并通过最适合的有关项目目标和造价、工期、质量及功能等的合同形式。

（二）项目计划安排（Project Programme Planning）

控制项目进展的计划，通常称作总进度计划（Master Development Programme）（见 CIOB，1992）。在得到了业主和专业组（Professional Team）的详细审查和通过后，要尽快准备项目每一阶段的详细进度计划。

总进度计划是一个工期控制计划，工期与造价及质量紧密相关。造价取决于施工方法，施工方法又受到现场自然条件、设计和合同形式的制约。合同形式的选用又受制于可利用的时间，例如项目要求很短的工期时，就要采用快速法施工。如果施工工期不够，工程质量就难以保证。因此，工期、造价和质量三要素相互关联。不同项目对工期、造价和质量的侧重也各不相同。

(三) 项目费用计划 (Project Cost Plan)

费用计划的目标是为项目提供最终造价的最佳预算。术语“预算”(Budget) 和“费用计划”(Cost Plan) 经常可以互换使用。其区别为预算是项目支出的资金限制范围，而费用计划是资金用在何处和何时使用的计划。因此，费用计划必须包括项目现金流量的最佳预测，而且要制定项目将来的运行费用目标。费用计划必须覆盖项目所有阶段。

确定预算的方法在项目的不同阶段是不同的，尽管其确切程度随设计资料的确定而不断增加。

常用的方法有：

• 单位能力估价，如医院中的每个床位造价；

• 单位建筑面积估价；

• 每平米单位工程估价（基于建筑物各单位工程量的估价，用建筑物每平米单位工程造价表示）。

设计和价格波动等不可预见费也应考虑在内。总费用计划（建筑物各单位工程的目标造价之和）是指在该总成本之内项目得以完成的投资预算。费用计划应包括以施工总计划为依据的现金流量计划，并将支出和收入分配到业主财务年度的每一时期。应按规定的日期和通货膨胀的预测数提供费用支出额。

当业主是项目的实际占有者时，他必须为设施的各项运营成本建立寿命周期费用计划。同时应做一个前述主要工程的费用计划并附在给专业组的建设要求中。还必须考虑税收的重要性。

一旦费用计划得以确定，它就应成为整个项目期间监督和控制费用的标尺。费用控制检查表可用于监控设计。

(四) 费用控制 (Cost Control)

费用控制的目标是使项目在批准的预算内得以完成。任何时候费用报告都应包括项目最终造价，未来现金流量和完工设施的使用费用（运行费用）。有效的费用控制要求有下列措施（CIOB，1992）：

• 在设计和施工期间所有的决策都是在考虑了各个方案的预期费用的基础上作出的。那些会使预算超支的方案都不予考虑。

• 努力使专业人员在费用计划内完成设计并采用项目的变更控制程序。如某一项费用的增加一定要由另一项费用的降低来冲减。

• 定期修改和发放因变更而使建设要求发生变化的费用计划。

• 调整因目标费用、总施工计划或通货膨胀预测的变化所致的现金流量计划。

• 随着设计和施工的进展，应与专业人员一起修改费用计划，从而得到最佳的最终费用预算和现金流量预测；随着获得更多的信息，还应增加更加详尽的费用。只要是得到了更好的信息，更详尽或更实际的费用计划就应取代原来预测的费用。

• 要定期审查不可预见费和风险费，费用计划的修订不应导致总造价的增加。

（五）详细设计和施工招标准备（Detailed Design and Production Information）

设计人员和费用工程师（Cost Engineers）之间的相互协作十分重要。如果预算是业主认可的最终控制标准，费用工程师（或工料测量师）应负责协调工作（见图2.7）。

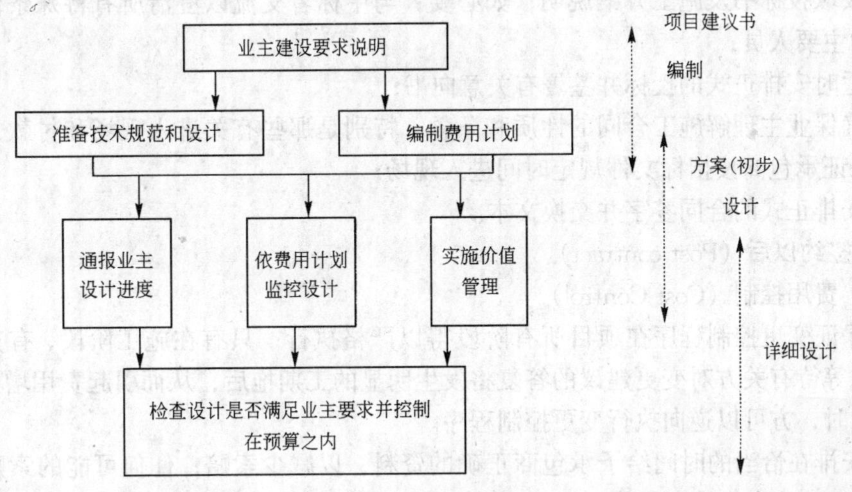

图2.7 设计工作的协调

监督和协调工作包括下列内容：

• 审查项目实施方式、费用控制系统和程序；

• 为详细设计和施工招标准备详细的计划；

• 为费用审查和业主批准招标准备一个从设计人员那里获得资料信息的时间表；

• 以费用计划监控详细设计；

• 评价因业主的要求变化而引起的费用和工期的改变，并将批准的内容纳入设计过程；

• 监控进度，提供定期报告，内容包括①项目状况；②以施工计划为依据的进度，以及例外情况的报告；③以预算/费用计划为依据的费用，包括对帐表；④预测总造价和竣工日期；⑤关键点；⑥要求更改的措施；

• 获得业主对详细设计和施工招标准备的批准；

• 对批准的设计和施工招标准备进行初步安排，确保承包商所需的合理资料，以便准备标书文件。

二、招标（Tender）

招标程序多种多样，最常用的是单一阶段选择性招标。其他方法有①公开招标（Open Tender）；②选择招标（Selective Tender）（有或没有资格预审的单一阶段；两阶段）；③议标（Negotiation）。

招标阶段的责任包括：

• 在适当时候准备各种招标文件（Tender Documents）；

• 准备邀请参加总包和分包投标的合格的、可供选择的公司名单（可能要经过资格预审)；

• 确认列入名单的公司将参与投标，领取资料和/或审查投标者（资格预审的部分作法)；

• 审查所有的分包条件与总包条件是否一致，特别要注意承包商设计的部分，并确认是否进行了担保；

• 收取投标书及施工方案说明；如必要，与中标者交流以澄清所有特殊条件并会见投标者的主要人员；

• 适时安排正式的授标并签署有关意向书；

• 确保业主理解施工合同的性质和条款，特别是那些有关进入现场和付款方式的条款，并保证承包商按招标文件规定时间进入现场；

• 安排正式的合同签字并交换文本。

三、签约以后（Post-contract)

（一）费用控制（Cost Control)

• 保证变更控制程序在项目所有阶段得以严格执行；只有在施工阶段，有充分的理由说明因等待有关方对变更建议的答复将发生明显的工期拖后，从而引起费用增加乃至会发生危险时，方可以逆向执行变更控制程序。

• 安排在恰当的时间给予承包商正确的资料，以减少索赔；任何可能的索赔必须报告业主并写入定期的费用报告。

• 不可预见费只能用于支付没能预见和不可预测的支出；如果专业人员认为别无选择，只能超出预算，则必须向业主提交一份书面申请，包括①引起变更的细节，②确认变更是必要的，③明确指出只有对完工项目的功能作出难以接受的改变，才可以使超出预算的部分得以补偿。

• 保证定期向业主发送最近的和准确的费用报告。

• 确定项目费用总是按原批准的预算进行记录。对预算的任何后续变更必须在费用报告中给予清楚的说明。

• 现金流量的预计曲线和实际曲线可以用于明确表示项目进度。

（二）工期控制（Time Control)

• 定义和协调特定工序和工作内容；

• 准备施工进度表，在有冲突的工序分配资源；

• 检查施工进展，需要时提出修正措施；

• 如果原进度计划未能实现，评估替代方案并制定施工方法。

项目工期控制通常使用：①总控制计划表（Master Programme)，②项目进度表(Project Schedules)，③用于进行项目工期控制的详细工作进度表。市场上有各种用于工期控制的计算机程序，其中包括：

• 关键线路法（Critical Path Method)；

• 作业次序向量图法（Precedence and Arrow Diagramming Methods)；

• 资源平衡法（Resource Levelling)；

• 实施评价；

• 智能字母数字活动识别器（Intelligent Alphanumeric Activity Identifiers)；

- 活动代码（Activity Coding）；
- 日期和持续时间限制（Date and Duration Constraints）；
- 简明和详细网络链路（Summary and Detail Network Links）；
- 标准的和用户可修改的报表。

计算机软件系统还包括图形生成能力，能使用户创立各种详细或汇总图表、简图、或曲线，包括：

- 甘特（线条）图（柱状图）（Gantt Schedule Charts-Bar Charts）；
- 时间进度逻辑图（Time-scaled Logic Diagrams）；
- 纯逻辑图（Pure Logic Plots）；
- 屏上用于创建线条、方框、符号、图例和文本的绘图工具；
- 当前和目标进度比较；
- 工程进度的重要部分和关键活动；
- 柱状汇总图（Summary Bars）。

（三）质量控制（Quality Control）

质量保证的基础是客户—供方关系。任何质量体系的最终目的是要保证客户对供方提供的产品和服务完全满意。尽管这种客户—供方关系可以被视为是供方的外部行为，同样的思想适用于供方内部每一操作工序。客户成为使用者或生产过程中下一阶段的用户，这样质量体系适用于任何组织内部的全部活动。

质量的客观证据确认服务的每一功能或制造过程的所有行为——大型项目的现场施工和试运行——都依照规定的施工方法得以实现。质量管理体系的 10 个基本要素（Stebbing，1993）是：

- 组织（Organisation）；
- 审核（Audits）；
- 质量体系文件（Quality System Documents）（手册/工作指南）；
- 计划（Plan）；
- 文件及变更控制（Documentation and Change Control）；
- 采购项目及服务的控制（Control of Purchased Items and Services）；
- 记录（Records）；
- 不合格的认定（Identification of Non-conformances）；
- 纠正措施（Corrective Action）；
- 培训（Training）。

质量体系的实施涉及到所有各方的合作，要得到这种合作，所有员工必须理解实施质量控制的理由，因此，要让所有员工明白实施质量管理体系的动因和由此而获得的效益。

四、试运行和移交（Commissioning and Handover）

试运行分为两个不同的部分实行（CIOB，1992）：①业主试运行（Client Commissioning）和②工程设备试运行（Engineering Services Commissioning）。业主试运行的目的是确保设备已经安装并按设计运行。有关要求必须写入合同，如操作手册的准备、员工培训、试运行记录、质量和性能标准。工程设备试运行的目的是验证所安装的设施已按设计意图和规范的要求发挥作用。根据情况的变化，要有承包商在设备移交后提供调试服务的安排。必须注意：①确认工程设备试运行要求的所有法律及保险批件；②确认承包商的施工计划包含了试运行；③如需要的话，保证可以采取纠正措施给予补救。试运行记录，如试验结果、校准要求、证书和检查表必须妥善保存，并将复印件附在手册里移交给业主。

尽管大多数项目都规定了一个竣工日期（实际竣工），但施工项目的完成可以分阶段（分段完工）。完工及移交的主要方面一般包括：

- 准备缺陷确认清单（缺陷表）；
- 在规定时间内完成所有的工程内容和修补；
- 提供记录图和试验结果，试运行报告，操作和维护手册，维护计划；
- 操作人员培训的监督计划；
- 保证较好地完成法定检验和批准；
- 保证对未完或有缺陷工程有反索赔措施（Contra-Changing Measures）；
- 监控决算进度。

第5节 使用阶段

使用评价（Post-Occupancy Evaluation，POE）的目的是对项目所有要素进行全面而彻底的评价。出于各种原因，都需要对建设项目的功能表现进行评价，例如作为反馈，设计人员可以修改某种建筑类型的设计基础数据，同时项目组织也可以评价他们的机构效率。使用阶段评价是“功能表现概念”（Performance Concept）的一部分，其基本的思想是建筑的设计和建造是支持和改善使用者的活动和目标的。由使用者或评价者实际测得或主观感觉到的该建筑的实际功能表现与明确而详尽的预期标准相比较，功能表现概念提供了一个客观的评价方法（Presier，1989）。使用评价加上改进建议，可用于类似项目的前馈（Feedforward）和反馈（Feedback）。

从业主观点出发，使用评价的作用为：

- 能不断反馈特定方面长期的功能表现，如能源利用，空间适用性，或人流/物流的循环效率；
- 可以用于积累建筑缺陷资料，作为新建或改造建筑时应予改正的一部分；
- 规划标准不断的检验和更新是对设计资源理念和决策指南是个长期的更新方式；
- 可以作为业主广泛的质量和生产改进计划的组成部分之一，如表示管理层对工作环境的质量很关注；
- 可以增强业主机构的市场竞争能力，改善公司的公众形象和声誉，并通过表明业主机构有决心和办法规范自己从而规避外部环境的威胁；
- 可以使设计人员意识到业主对建筑的功能表现十分关注，设计人员将对自己的设计结果负有不可推卸的责任。

使用评价包括：①项目审核；②合同履行评价；③使用者需求研究。

一、项目审核（Project Audit）

项目审核（CIOB，1992）包括下列内容：

- 项目目标概述；

• 对项目原要求的所有修改及修改原因汇总；
• 合同/协议条款的说明；
• 组织架构，所使用的专业技术/技能的针对性和适用性；
• 总控制计划—项目计划和实际取得的“里程碑”和关键活动的说明；
• 项目过程中取得的重大进展，遇到的重大难题及其解决方案；
• 简要总结优势、弱势和应汲取的经验教训，根据①费用，②进度和计划，③技术能力，④质量，⑤安全、卫生和环保等方面的要求对有效地实施项目进行回顾；
• 达到业主建设要求的情况；
• 可以用于未来项目的任何改进；

项目审核还必须有费用和工期研究，包括以下内容：

• 费用和预算控制以及索赔程序的有效性；
• 核准的和最终的费用；
• 计划的与实际的费用（如“S”曲线）和原预算与决算的分析；
• 索赔的影响；
• 必要记录的补充和完善，以便进行项目的财务结算；
• 确认由于对业主原来建设要求的改变和/或由于其他的原因而引起的工期拖后和费用差异；
• 原始的和最终施工计划的简要分析，包括规定的和实际的竣工日期并说明所有变更的原因。

二、合同履行评价（Performance Study）

• 工程进度程序化控制的评价；
• 人工时汇总，包括计划的与实际的人工分解和是否有充足的人力资源用于有效地完成工作；
• 满意和不满意的工作表现的确认；
• 沟通渠道和报告关系；
• 行业关系问题；
• 对员工士气和动机的一般性评价和说明；
• 专业人员和承包商的表现评定（保密），作为将来参考。

三、使用者需求研究（User Needs Study）

从使用者的观点来评价建筑的性能，重要的是，要更多地了解他们满意的标准，这直接受到对客观因素的认识和评价的影响。当实际结果大于或等于期望值时，可以说满意。外界因素与个体间有一个相互作用，同时个体之间也有相互的影响，如个人的认识会受到他/她的同事的影响。又如，那些把重点放在使用者行为上的使用评价研究则致力于对设计进行全面的调查研究，这能避免错误行为（Francescato 等人 1989 引用 Newman 1976）。因此，在使用者的使用评价中必须慎重选择进行比较的各种变化因素。应包括如经济的、生态的、技术的和功能的完好性的标准。

Preiser 等人（1988）认为使用评价有三个层次（以使用者为准），评价需要的技术和方法要逐级提高（见第 10 章）。现将这三个层次叙述如下：

L1 提示型（Indicative）。使用评价所需的努力和资源最少，主要通过走动和选择访问，有时以问卷形式作补充，以找出该建筑在使用中的长处和不足。

L2 调查型（Investigetive）。这种使用评价包含较深层次的研究，当提示型使用评价找出需进一步调查研究的问题时才做。评价标准应在评价实施之前明确地提出，以避免过多地带入评价者的主观意志。

L3 诊断型（Diagnostic）。诊断型使用评价要求用更多的努力、更大的投入和更多的时间，目的是使客观情况与使用者（占用者）的反应相关联。

思考题

1. 说明一个建设项目的主要阶段并说明工料测量师在各阶段的主要工作。
2. 论述变更在下列各阶段对项目工期和成本可能的影响：
(1) 设计阶段；
(2) 施工阶段。
3. 解释工料测量师在招标和评标方面的主要作用。
4. 解释并讨论工料测量师在建设项目的施工阶段通常是如何协助进行进度、成本和质量控制的。

参考资料

1. Adams J.R. Barndt S. E.,(1983) Behavioral implications of the project life cycle. In Cleland D. I. and King W. R. (ed.) *Project Management Handbook* Van Nostrand Reinhold Co. NY, pp 222-244
2. Archibald R. R.,(1976), *Managing high-technology programs and projects*. NY John Wiley
3. Baum W. C. (1978), The project cycle. *Finance and Development*. The World Bank, Washington DC, USA. Dec.
4. Butler A. G., Jr.,(1973) Project Management: a study in organisational conflict. *Academy of Management Journal*.16, pp 84-101
5. CIOB (1992), *Code of Practice for Project Management for Construction and Development*, The charted Institute of Building
6. Cleland D. I., King W. R.,(1983), *Systems analysis and project management*. NY McGraw Hill
7. Francescato G., Weidemann S., Anderson J. R.,(1989), Evaluating the built environment from the users' point of view: an attribudinal model of residential satisfaction. In Presier W. F. E.,(ed.) *Building Evaluation* Plenum Press NY
8. Newman O. (1976), *Design guidelines for creating defensible space*, Washington D. C., US Government Printing Office
9. Preiser W. F. E. (ed.) (1989), *Building and Evaluation*, Plenum Press NY
10. Preiser W. F. E., Rabinowitz H. Z., White E. T.,(1989) *Post occupancy Evaluation*. Van Nostrand Reinhold NY
11. Roman D. D.,(1968), *Research and development management. The economics and administration of technology*, NY Appleton Century Crofts
12. Souder W. E.,(1983) Project evaluation and selection, In Cleland D. I. King W. R. (ed.) *Project Management Handbook* Van Nostrand Reinhold Co. NY. pp 185-206
13. Stebbing L. (1993), *Quality Assurance. The route to efficiency and competitiveness*. Ellis Horwood Ltd.
14. Walker A.,(1989) *Project management in construction*. BSP Professional

第3章 项目实施方式

本章首先介绍了项目实施方式的概念，其次概述了项目实施参与方的责任和项目实施方式的选择，然后详细描述了各种常用的项目实施方式，并对项目实施状况的评价提供了三项指标，最后结合参与方的要求说明了国际上项目实施方式发展的趋势。

第1节 概 述

项目实施方式就是确定一种途径以获得建设项目。也可以讲，项目实施方式就是将业主对拟建项目的思想和要求转换为建设要求，变为决策，将设计转化为可以进驻使用的实体的方式。

项目实施有许多方面的因素，包括价格的确定，价款的支付和合同安排，无论采用什么样的实施方式，都需要投入大量的人力资源。当今的建筑业中，实施过程变得越来越复杂，功能分析将有助于考虑人、目的以及他们之间的相互关系，有助于评估各种可选方案之间的相同和不同之处，有助于从项目所提供的设施和功能方面评价所选择的实施方式对建筑的使用会产生怎样的影响。

需要强调的是，在项目的寿命周期内，决定做得越早，它所起的作用就越大。由此应将项目实施方式视作获取一个项目的过程，这个过程开始于项目的概念阶段，而终止于项目的完整移交并投入使用——从项目的寿命周期来看（第2章有论述），项目实施过程包括从项目的最开始直到施工完成。

因此，实施方式开始于评价业主是否需要某一项目；如果结论是需要，则应综合分析既定的指标、参数和各种限制条件以及现有的及潜在的项目参与各方的要求和观点，以便采用最适宜的实现项目的程序。

不仅实施过程的要素是完整且多变的，项目的参与方也是如此。实行功能分析有助于确定谁应该并如何组织及安排各功能的关系。为能成功实施这一方法，需要弄清什么是管理。管理有多种定义，简单的定义是：“作出并实施有关人的决定”。管理通过数据和要求来决定作什么、如何作、什么时候作等等。

因此，实施方式要涉及到项目的很多参与方；直接参与方有业主（Client），设计方（Designers）和施工方（Constructors）。间接参与方有主管机构（Regulatory Authorities）（如规划，建设控制，卫生及安全）、融资方（Financiers）、保险公司（Insurers）等。为了寻求能针对项目（参与方）目标的高水平的运作，实施方式要求各参与方能认同各方的目标并能调合不同目标之间的矛盾冲突，以便确定一种最适宜的方式，将一些主要的实施行为方式（如组织管理型式，合同类型，定价方法，付款方式等）确立下来。

Cherns 和 Bryant（1984）指出，当工程项目由临时的多组织实施时，各个单一组织被结合在一起来共同实施一个项目。这种情况意味着这些组织在实施项目目标的同时也在实施着自己的目标，特别是当这些组织临时在一起工作的时候。对文件、合同、图纸等的解释往往受参与者的个人背景（教养、教育、训练等）的影响（Clegg 1992）。

此外，各种参数的确定也是必要的。有些参数可能要由业主确定；如果不是在项目的概念阶段或初始阶段而是在设计的早期，其他的参数（如法规机构提出的设计要求）将要在项目的进程中产生。随着设计的深入，可能产生新的参数或修改旧的参数，比如将项目的实施要求（如快速竣工）转换成另一参数（规定的竣工日期）。

业主方的工料测量师（Consulant Quantity Surveyor）主要考虑的是项目实施方式的费用/价格及合同/法律方面的问题，特别是要向业主提供项目预算方面的咨询。其中包括费用构成，促成设计费用和施工费用的均衡，确保项目费用在各部分之间合理地分布（如基础、框架、外墙等），做出项目的总投资估算和投入使用后的运行费用；选择最适宜的合同关系和合同形式。

在承包商看来，工料测量师是以其专业知识研究投标文件，以辨认那些繁复的合同条件和条款，在这类条款中包含着潜在的费用问题或对承包商的有利之处——这些都是承包商投标时的重要信息来源和合同签订后各种可能索赔的依据。

因此，工料测量师对于选择并执行项目实施方式的过程和程序起着核心作用。

第2节 项目实施的参与者

建筑项目实施的主要变化因素，涉及到项目的参与方和使各参与方在项目组织中建立相互联系的过程。因此，首要的工作是确定各参与方及他们在项目中的作用，各参与方的目标和项目的参数，以便采用最适宜的项目实施方式。

项目参与方的分类如图 3.1 所示，其中直接参与方分为业主、设计方、施工方；间接参与方包括主管机构（规划，建设控制等）和保险公司。然而，一旦在这种分类下考虑参与的个体或集体，直接参与方与间接参与方在某些情况下几乎很难区别（如材料加工商/供应商/金融家）。在许多情况下，项目的环境和参与方本身的性质将决定其介入项目的直接程度。

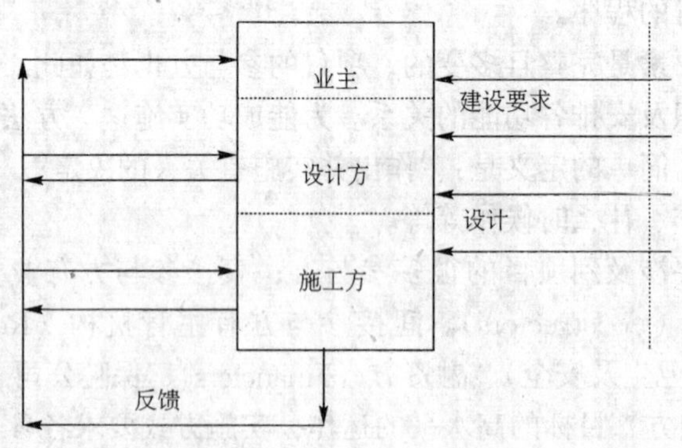

图 3.1 项目参与方的分类

有的参与方可能直到项目实施的后期还仍是个未知数；甚至直到项目已经竣工某些参与方都没定下来，比如说（带商业性质开发的）商业或工业项目的买主或承租人。在这种情况下，此类参与方的性质和基本要求是假设的；为了使建成的房屋具有广泛的适应性，房屋的内装修可能要到真正的用户确定以后才进行，以便符合不同用户的特殊需求。

一、业主（Client）

传统上，业主的职能是由一个组织，特殊情况下是由一个人执行的。即便如此，一些作用由其他方面来承担也属常见，（某些）资金的提供即属此类。由于组织（个人）的功能各异，业主的功能被各式各样的组织所划分，使业主本身成为一个复合组织。然而，很多项目太小，与大型复杂项目相比，业主功能被划分的程度较低，因而组织起来也就容易得多。

业主的主要职能是：

• 启动项目（Commission the Project）：来源于自己对需求的判断或建筑业界的市场营销促销活动；这将引起对项目的需求及发出订货单（适合于选定的实施方式）。因此，将涉及到来自外部的设计单位和施工单位。

• 为项目融资（Finance the Project）：来自业主的自有资金或借贷。对于私人企业来说，内部资金的获得可通过股金或留成的利润（即公司过去的盈利，尚未作为红利分给持股人）。贷款可以来自银行（通常商业银行发放短期贷款，条件是以公司一定数量的资产作为担保；某些国家的银行愿意提供中期甚至长期贷款），偶尔也可以来自个人或融资机构。在英国，工业投资者（保险公司的养老基金）是房地产开发所需长期信贷的主要提供者；近来海外银行越来越多地为房地产开发提供信贷。

在某些特定的实施方式下（近来流行的几种实施方式，如 BOT；BOOT 等，由承包商直接参与投资）为项目融资的角色正在向承包商转化。

对于大型项目，有可能得到作为“国家资金”的援助基金（如世界银行等）；作为某项目的专用贷款首先贷给受援国，然后受援国政府再将资金转贷给该项目，项目业主（或项目公司）以这种方式得到这笔资金。

• 拥有（竣工的）项目：除了商业性开发（通常限于私人住房和商业开发）以外，业主是通过设计、施工和使用得到和拥有项目的。在商业性开发中，项目将在竣工后尽快地卖给新的业主（在经济复苏期这种销售通常发生在竣工以前，在极特殊情况下在设计阶段即可售出）。

• 使用（竣工的）项目：对于大多数项目来说，使用者只有一个，通常是业主；对于商业性项目，房屋可能由不同的用户分别使用，比如说不同的用户使用不同的楼层（或多个楼层）作为办公室，或划分成单元的商店等。当用户和业主不是同一机构（人）时，他们之间的关系由租约决定（用户和业主之间的契约，各方的责任、租金及修订租金的周期等）。

• 决策：根据业主的身份，（目前的）业主是最终的决策者，他决定项目的所有事情，比如类型、规模、地点、造价、工期等。为了避免混乱，应授权给某一个人（或起码通过该人作各方的联络工作）代表业主与其他各方（通常是设计方和施工方）打交道。虽然施工合同根据施工的程序对代理人（如建筑师或工程师）的权力作出了规定，这些代理人独立作出决定（不用征询业主的意见）的权限应该在他们与业主的协议（合同）中作出规定。

二、设计方（Designers）

设计方必须从业主那里得到对项目的要求。业主对于项目的要求往往归纳为两类，即愿望（业主所寻求的目标）和数据（如资金、时间或业主所能承受的极限）。

然而，建筑师（Architects）从业主处得到的不仅是糟糕的建设要求（几乎没有一个业主了解建筑业的运作和所需的资料），而且很难从业主的资料中汲取到有助于提高设计质量的信息要求（Mackinder 和 Marvin，1982）。对于其他的设计顾问（Design Consultants），比如土木工程师（Civil Engineers），往往也是如此。

在开发项目的过程中，紧接着最初的建设要求和项目建议书之后，应尽可能早地进行可行性研究。工料测量师（Quantity Surveyor ）凭借其在费用、价格、财务、经济、法律及合同方面的专业知识，应在可行性研究工作中担任重要角色。不但要对不同的建筑方案进行评估，而且如果以前没有做过的话，也应包括对新建项目的各种替代方案（如改变现有建筑物的布局以提高利用率及租金等）的评估，以确保业主将进行最恰当的投资行为。

一旦可行性研究确认一个新项目可以实施，（即在给定的要求和条件下，新建项目是最好的选择），设计人员将开展以下的工作：

布局和外观	（建筑师）	（Architect）	
结构形式	（结构/土木工程师）	（Structural/Civil Engineer）	
设备要求	（设备工程师）	（Services Engineer）	(1)
内装修设计	（装饰工程师）	（Interior Designer）	(2)
环境绿化	（园艺师）	（Landscape Architect）	(3)
费用构成	（工料测量师）	（QS）	
进度安排	（进度计划员）	（Programmer）	(4)

注：

(1) 有时也称“环境工程师”（Environmental Engineer）。

(2)、(3) 均可由建筑师实施。

(4) 可由建筑师或工料测量师代替。

如何组织设计是由设计单位的性质决定的——指（业主/承包商）自己的设计队伍，外部的单一专业或是多专业的设计队伍。多头设计往往会对设计过程中的一体化机制及一体化程度造成很大的影响，进而影响项目的最终设计（现场遇到的很多问题都是由设计缺乏整体协调性造成的，其结果是造成资金的浪费和由于项目变更造成的延误）。

即便业主已经向设计方讲明了项目的目标和要求，设计方仍要在外部的主管机构要求（如房间规划，建筑限制等）以及施工的可行性等方面增加别的内容。此外，各个专业自身的设计思想一定要在设计的进行中加以协调，（如建筑师考虑的是空间布局或美学效果；结构/土木工程师着眼于整体结构形式及安全性等）。

工料测量师的费用计划应在求得设计中各功能部分的有效而又有针对性的价值平衡的前提下，确保业主的最大投资价值。但是，在实践中，功能要屈从于“费用政策”（Cost Policing）以尽量保证项目不会超出预算。

三、承包商（Constructors）

承包商的主要工作是提供资源并组织这些资源以使项目可以按设计施工；这一过程应在规定的时间和造价内完成。通常，要事先对承包商作出质量（规范等）和时间（合同期进入现场的时间和竣工时间）的规定；投标价是区分和选择承包商并授予其项目的主要标准（尤其在采取预选的情况下）。

传统上，是通过竞争性投标（公开招标或选择性招标）将项目授予总承包商。总承包商（Main Contractors）直接雇佣工人从事普通工种的施工（木工，瓦工等）和一般的劳务；只有专业性的工作（电气，玻璃安装等）才分包出去。各种材料也由总承包商向供货商订购。总承包商除租用一些专门设备外会自备大部分的施工机械。

有时，总承包商会将自己原先的一部分工作分离出去，比如将其设备部门变成独立的设备租赁公司，所以建筑业中就涌现出越来越多的分工更细的专门行业。与此类似的是，由于将项目转包给分包商（Subcontractor），总承包商的劳动部门演变成了施工项目的组织者、经营者和协调者。

项目实施的一个重要组成部分——实施方式及参与方的选择，是最大限度地减少合同索赔的可能性（如低效率的施工造成的工期拖延）和确保可能发生的合同索赔局限于可控制的范围之内并与项目的要求相一致。

可施工性是一个重要的思想；涉及设计和施工的一体化，为了能使设计更有利于施工，在保证项目的标准和要求不受影响的前提下，应尽早地将施工技术引入到项目过程中。可施工性考虑的是实施一个设计（工期，费用和质量）的施工技术方案，还有管理层面上一尤其是负责项目施工组织人员之间的相互协调及对他们的控制。

第3节　项目实施方式的选择

实施方式的变化因素（变量）为工期、质量和费用。这些变量的共同作用将影响决策。然而每个因素都应逐一考虑，以使项目的要求能结合到最适宜的项目实施方式的选择中去。

项目实施方式的选择和将来项目的使用表现均受制于项目参与各方的追求目标（图3.2 项目参与各方对项目的看法）。虽然存在着专业目标的“极化效应”（建筑师—外观；工程师—结构安全；承包商—有效的施工等），在市场经济条件下，项目参与各方的运作决定了对各参与方（个人或组织）必不可少的商业行为一定要给予满足。只有在这种要求得到（或者预计要得到）满足的情况下，别的其他目标才会给予考虑。正如马斯洛（1954）所提出的个人动机的需求层次那样，建设项目的参与者也有一个自己的目标层次。

由于市场经济追求经济合理性，每一笔支出都要追求最大的价值。因此往往假设业主们都要求他们的项目具有最低的造价、最好的质量及最短的工期；但由于多种原因，这种要求未必可行。

业主们都喜欢准确的估价而不希望人为地降低估价，以免通过设计和施工项目渐渐变得现实起来时，不得不上调预算；而工程量变更时也可能下调预算。通常情况下，费用、工期和质量是互相制约的关系。时间的计量可以包括设计阶段和施工阶段。费用的计算可包括设计费用、施工费用、项目的总财务费用（也许包括土地费用等）、寿命周期费用，全都以现值计算。质量是很难计量的，因为它涉及过多的主观因素（规范标准、美学、舒适度、通讯交通的便捷等）。

在考虑费用、工期特别是质量时，往往是与其他类似项目进行对比，同时根据业主对该项目的要求和限制条件作出调整。

在将各参与方的目标转换成实施变量的过程中，实施变量矩阵的概念很重要。主要的

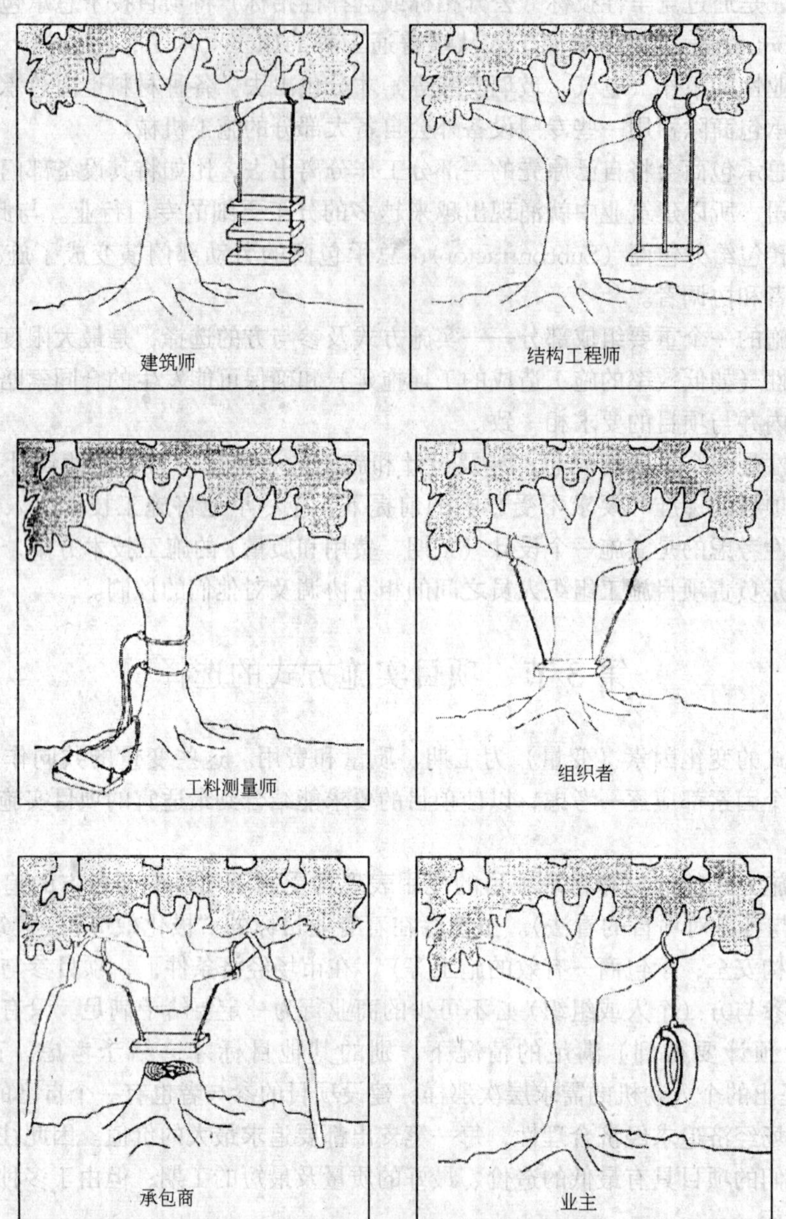

图 3.2　项目参与各方对项目的看法

实施因素可以分为组织结构、合同类型、定价机制和支付方式。由于建筑业内普遍采用这一“标准的”分类，这四个因素便构成了工期、费用和质量的基础。这四个因素的基本情况将取决于项目实施过程中所做的决策而不仅仅受制于所采用的实施方式。

作为建设项目的费用、定价、融资及合同方面的专家，工料测量师的职责是以其专业技能向业主及其他的项目参与方就最适宜的项目实施方式提出建议。该选择过程就形成了决策阶段：

(1) 业主要求的确定；

(2) 将业主的要求表达为建设项目的指标和数据；

(3) 对（2）中的实施因素及可能产生的项目实施情况进行评估。

要把未来的项目按照业主的要求表达出来。比如用业主可以理解的语言告诉他，什么样的选择可以为其带来好处。当几个独立的参与方履行业主赋予的角色的时候，应将一系列互相兼顾的需求达成一致，以作为项目运作的基础。

一般情况下，项目的技术参与方会面临将业主的要求转换成项目要求的任务。为了选择最佳的“技术”方案，该过程应包括对各种涉及到的方案、要求、可能的实施方法及风险的评价。以要素的形式列出针对每种方案的建设要求，并将其用于第三阶段中选择最适宜的实施方式，这样在寻求最优方案时便将技术的可行性和组织的可行性一起考虑。

因此，实施要素和使用要素的评估应在业主的要求被转化成项目的指标和数据中加以体现。这样的评估，如能反复进行多次，就有可能选择出适合于本项目的实施因素的组合。

第 4 节　常用的项目实施方式

常用的实施方式是指被广泛采用的项目实施要素的各种组合。对于每一种方式，其内部还有许多变化条件（它们并不总为人们所熟知），尤其是在同样的基础上的定价方法变化更大，业主经常凭借这样的基础来选择承包商，而且咨询机构的选择也越来越多地采用这样的方法。

项目实施方式可以根据所采用的广义的组织机制来划分。相互割裂的传统实施方式是雇用各自独立的设计者，提出设计文件，承包商据此投标，从投标中（以最低价）选定承包商。管理方式则是将项目管理与施工和不同程度上的设计分开；管理机构则是协调、统一，也就是管理相互独立的设计和施工的（技术性）活动。设计加施工的方式，是雇用一个机构来承担项目的设计和建设；这种方式还可以向项目实施的两个方向延伸，一个是向前，如建设地点的选择，另一个是向后，如项目建成后的运行使用。

一、传统的实施方式方法

英国传统式的建设项目的实施活动包括：设计—招标—施工。对于建筑工程来说，英国皇家建筑师协会（RIBA）制订了该过程的细目—（RIBA）工作计划（1973），图 3.3 列出了大概的工作程序（在民用项目中，现场（土木）工程师代替建筑项目中建筑师的工作）。

对于建筑工程，建筑师通常是第一个受雇用的咨询工程师。建筑师不仅负责建筑设计，对于其他的专业人员、独立设计方（如结构工程师，工料测量师等），他还是主设计师及设计协调人，而且在施工期间还担当施工监督的角色。标准的工程合同（如英国 JCT80）赋予建筑师作为业主的施工代理人的权利—包括对已完成的项目给予验收或否决，签发工程款项的支付，批准延期等。

传统的方法已逐渐将（提交业主的）投标价看作主要的因素。施工质量方面的要求（在工程量表 BQ 的序言中）有所规定（该序言作为工程的总要求写入合同文件）。而且通过规定承包商进驻现场的日期和竣工日期（实际竣工），来确定允许的工期。因此质量因素和时间因素都是由设计咨询工程师确定的（通常由建筑师和工料测量师与业主协商后确定），而费用取决于承包商的投标—通常选择较低的标价。

阶　段	决策和工作目的	工 作 内 容	直接涉及到的人员	术 语
A 初始阶段	准备建设要求大纲，规划将来的工作	组建业主的项目班子，考虑业主要求，安排建筑师	业主组织的有关人员，建筑师	编制建设要求阶段
B 可行性研究	向业主提交评估和推荐意见，以便于业主就将来项目的运作形式做决策。确保项目在功能上、技术上和财务上的可行性	进行有关业主要求、现场条件、规划、估算等方面的研究	业主代表，建筑师，工程师，工料测量师	
C 方案设计	初步的现场布置，设计和施工方法以便获得业主对方案及相关文件的认可	细化建设要求。研究业主要求，技术问题，规划，设计和估算，以便于决策	业主有关人员，建筑师，工程师，工料测量师，及必须的专业人员	初步设计阶段
D 初步设计	完成建设要求，敲定一个方案；确定进行安排，造型，各种指标参数和费用估算，并获得批准	完成建设要求的最终版，建筑设计结束，开展工程的初步设计，准备费用计划和报告。向各有关部门提交报告以获得批准	业主有关人员，建筑师，工程师，工料测量师，及必须的专业人员。各有关政府部门	
至此，建设要求不得变动				
E 详细设计	最终决定与设计、参数、施工和费用有关的各种问题	各方密切合作，共同完成建筑物的所有设计。对照检查费用计划	建筑师，工程师，工料测量师，及承包商（若已安排）	施工图阶段
此后位置、尺寸、形状或者费用的任何改变都会导致前功尽弃				
F 施工准备	为施工做准备，做出与实施有关的各种决定	为施工做好准备工作，如图纸、进度计划、参数和规范等	建筑师，工程师，工料测量师，及承包商（若已安排）	
G 工程量清单	为招标做好充分的准备	准备工程量清单和有关招标文件	建筑师，工料测量师，及承包商（若已安排）	
H 招标	见 NJCC 推荐的程序	见 NJCC 推荐的程序	建筑师，工程师，工料测量师，及承包商，业主	
J 项目计划	使承包商根据合同条款安排施工计划	安排进度计划；考察现场；作开工前的各种准备工作	建筑师，分包商	现场作业
K 施工	依进度计划施工直到完成	按照规范、图纸以及进度计划实施工程	承包商，分包商	
L 完工	将建筑物移交给业主	修补缺陷，最终决算，完成合同规定的各种工作	建筑师，工程师，承包商，工料测量师，业主	
M 反馈	分析项目的管理，施工和功能表现	分析工作记录，检验完工的建筑。评价建筑的使用	建筑师，工程师，承包商，工料测量师，业主	

图 3.3　英国皇家建筑师协会（RIBA）的工作流程

过去，业主用标准的（由各个专业协会分别制定的）“聘用条件”在统一标准、预先约定服务内容的基础上，用强制性的收费标准雇佣咨询工程师。根据行业联合会的推荐，强制性的收费标准被取消了，代之以推荐的收费标准（针对标准服务）。当前，市场是自由竞争的，虽然服务标准（内容）依旧，但采用价格竞争，这种竞争通常是有选择性的，但有时也是公开竞争。

在 Banwell 报告（1964）之后，英国的国营或私营项目在选择承包商时一般采用单一阶段选择性招标（根据单一阶段选择性招标程序法），而不采用公开招标的方式。单一阶段选择性招标的一般过程见图 3.4～图 3.6。

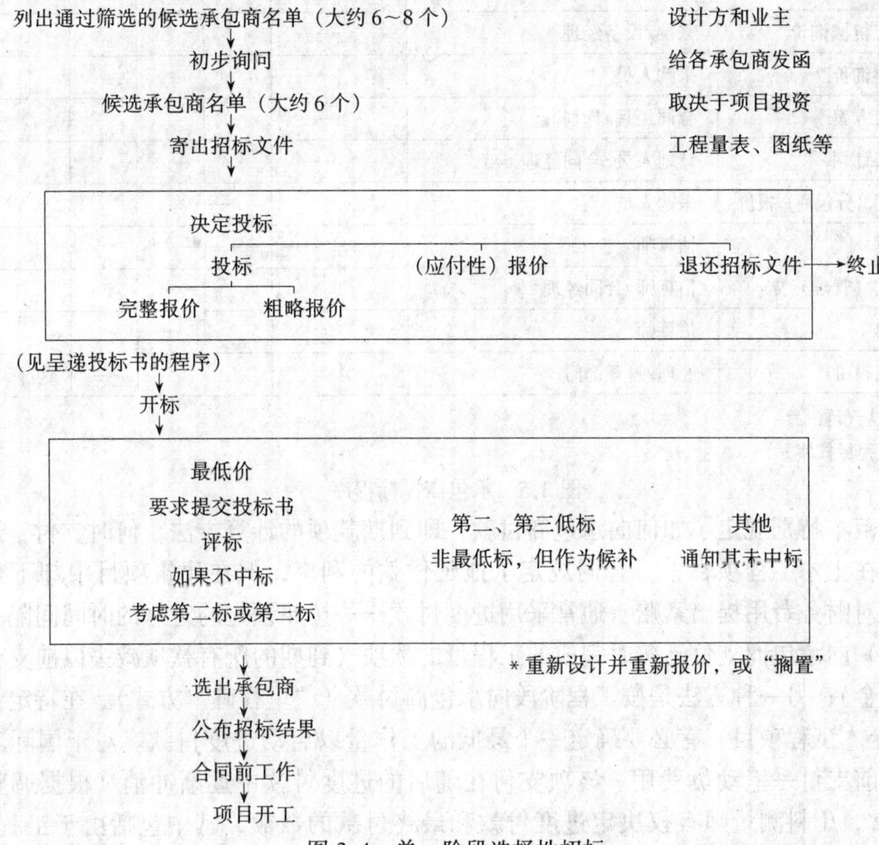

图 3.4　单一阶段选择性招标

作为对有意投标的承包商的初步询价的组成部分，业主要说明项目的工期、造价和规模等等；项目造价要以工料测量师的费用计划（在设计阶段做出的）为基础。当然，这样的预测会影响到投标（见第 6 章）。

在英国，大型建筑项目主要使用标准建筑合同范本（JCT80）；较小或小型项目以及最小的项目使用中型建筑合同范本（IFC84）。对于民用工程项目使用 ICE（ICE6）范本；对于国际工程项目则使用 FIDIC 第 3 版或第 4 版合同范本。合同关系见图 3.7 和图 3.8。起草合同范本的人建议使用未经修改的标准版本；然而一般都有作出的决定及附加的条件插入标准合同专用条件中，以便指出须采用什么样的替代条款、保险的数额、损失的确认和赔偿等。

序号	投标行为	责任人	第一周	第二周	第三周	第四周	第五周	第六周
1	收到招标文件	办公室经理						
2	决定投标	经理/管理部门						
3	细阅文件	估价师/合同						
4	现场踏勘，报告	合同经理						
5	分包商询价*	采购人员						
6	施工机械询价*	采购/设备经理						
7	材料询价*	采购人员						
8	施工方案*+	合同经理/计划						
9	施工计划	计划人员/合同经理						
10	确定（分包商）报价	采购人员						
11	估算	估算师						
12	其它（管理）费	估算师/合同经理						
13	汇总	估算师						
14	敲定报价	经理/管理部门					←	投标书递交

\+ 含现场布置

* 含工程量核实

图3.5　承包商投标程序

合同范本特别规定了如何向承包商付款，即到期款项的计算方法，何时支付，质量保证金等。在土木工程项目中，合同规定了拖延付款的利率，但在建筑项目中却不是这样——而是对财务费用提出索赔。通常采用进度付款——按照预先约定好的时间间隔（通常是自然月）向承包商支付已按时完成的工程量的款项（到期的所有款项减去以前支付的和质量保证金）；另一种方法是按工程阶段向承包商付款（“里程碑”方式）。在特定情况下（通常是土木工程项目）有必要确定一个最低的工作量以启动进度付款。对于国际工程往往在开工前支付一笔动员费用。该项支付在随后的进度付款中逐渐冲消（根据调整百分比）。通常，工料测量师有权决定进度付款和最终付款的数额，其中包括由于工程变更、市场价格波动及各种索赔导致的支付的调整。

其他的传统实施方式：

1. 加快的传统实施方式法

虽然“费用控制”是工作重点，但业主仍希望能够更早地入住和使用新的建筑物。因此业主不会采用在所有的设计都完成后才进行招标的方式，而会将施工阶段与设计阶段部分重叠。

承包商根据尚未完成的设计投标时，有可能采用单独计算施工费用的方法，也可能采用目标成本的方式。其他的作法是，在设计上部结构之前先设计地下部分并发包；随后（通过招标）将上部结构发包。还有以近似的工程量清单（甚至是费率表）作为承包商报价的基础并以此选择承包商；再计量已完成的工程量并根据确定的费率计算费用（类似于民用项目中的最终定价法）。

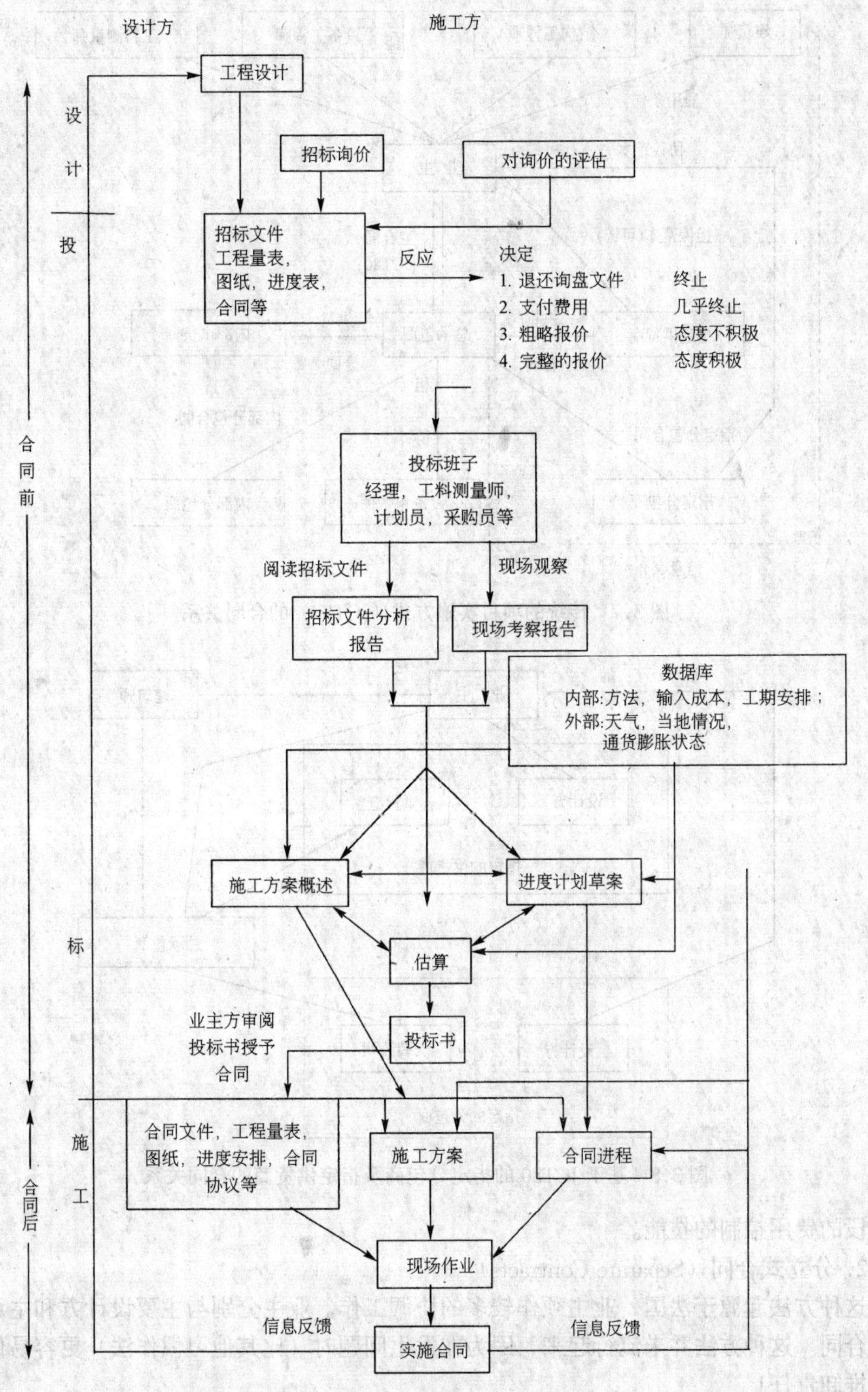

图 3.6　承包商投标的一般程序

显然，诸多的定价方法使工料测量师面临更多的工作，同时也更强调工料测量师在施

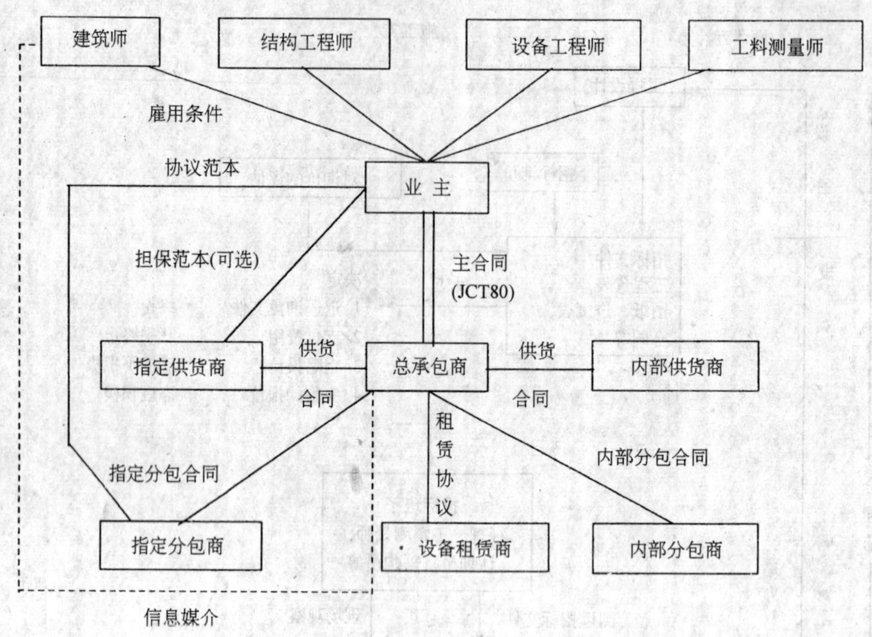

图 3.7 传统的项目实施方式（JCT80）的合同关系

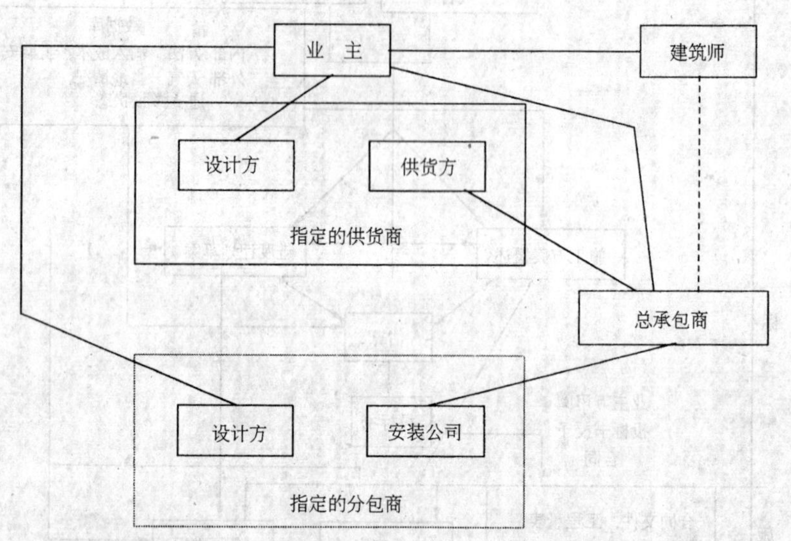

图 3.8 基于 JCT80 的指定分包商及指定供货商的合同关系

工阶段的费用控制的技能。

2. 分立式合同（Separate Contracts）

这种方法起源于法国，业主须作较多的协调工作。业主分别与主要设计方和主承包商签订合同。这种方法并未流行起来，因为在发生问题时（比其他习惯作法）更容易使各方互相推卸责任！

二、管理方法

概括起来，建设项目的实施有三种管理方法：管理承包（Management Contracting），施工管理（Construction Management）和施工项目管理（Construction Project Management）。在英国，只有合同管理具有标准的、专门的形式——JCT87。

（一）管理承包（MC）

图3.9绘出了管理承包中典型的合同关系。管理承包的内容（在美国被称为施工管理）是：管理公司（Management Contractor）是业主雇佣的，旨在管理某一项目的承包商。这通常发生于设计阶段的早期，管理工作主要体现在施工阶段选择、雇佣及管理（主要是协调）不同专业的承包商（指施工承包商 Construction Contractor）实施单项工作。管理承包商不承担具体的施工工作。

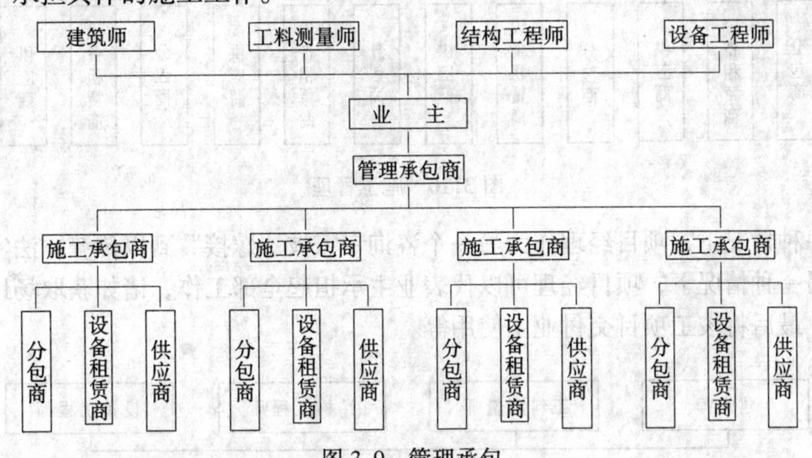

图3.9　管理承包

由于管理承包商是在设计阶段雇佣的，他应该参与设计组的工作，他的主要作用是就项目的可施工性向设计方提出建议，即如何使所选的设计便于施工。便于施工的项目可以节省大量的时间和金钱，同时也能提高质量。

通常，管理承包商是通过选择性招标（大约3～4个投标者）来确定的。这些管理承包商按施工承包商总费用（Prime Cost）的某一百分比，作为自己的报价。通常是由两、三个报价最低的管理承包商先向业主和主要设计方陈述自己将如何组织和管理项目，再由业主作出最终的选择。这些管理承包商职员的履历也应详细审查，以便评估其专业技能及经验。

选择过程中的面试着重于审查实施项目的人员的素质（专业知识，经验，组织能力，人际交往技巧）：称职的人员加上良好的人际关系有利于项目的进行。

（二）施工管理（CM）

图3.10给出了通常情况下施工管理的合同关系（在美国被称为管理承包）。施工经理作为业主的顾问受雇于业主，并向业主收取费用。CM在项目实施中的作用近似于MC。施工经理可以是一个“纯”咨询专家，即施工机构中的专家部的承包商。如果施工管理机构是承包商的一部分，则往往承包商的另一部分是项目的施工承包商，甚至是工程的总承包商。

由于施工管理没有标准的合同文本，对于不同的业主可有不同的作法。

（三）（施工）项目管理（PM）

图3.11和图3.12给出了两种不同形式的项目管理（Project Management，PM）。项目经理（Project Manager，系“纯”咨询方，承包商的一部分）在实施过程中担当一关键

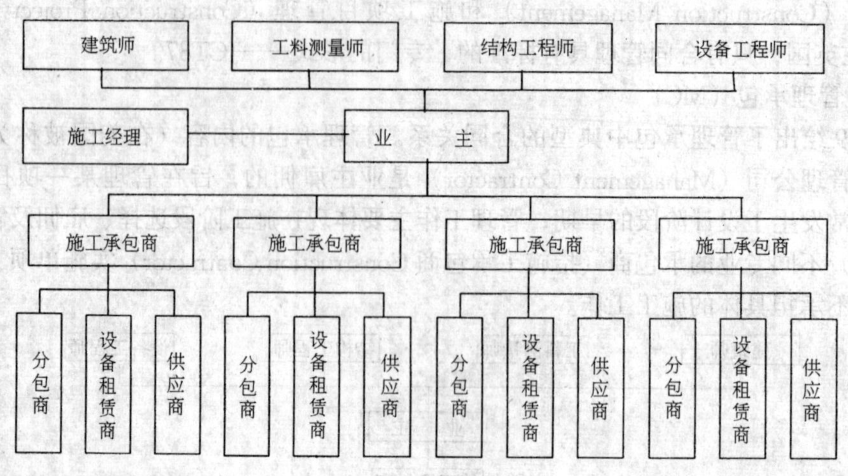

图 3.10　施工管理

角色。在一种情况下，项目经理作为另一个咨询专家被“嫁接”到以传统方法实施的项目上。而在另一种情况下，项目经理可以代表业主承担起全部工作，诸如获取场地，委托设计、施工，最后将竣工项目交付业主使用等。

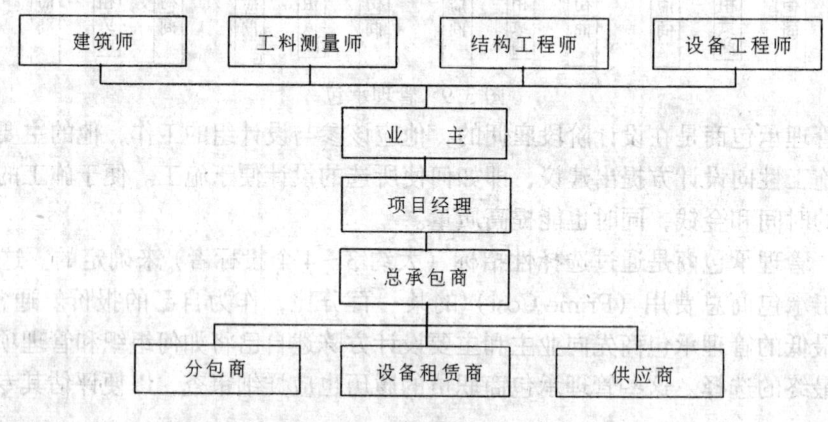

图 3.11　项目管理（1）

应向项目管理方支付费用，通常通过投标确定，费用的高低取决于承担的责任和需要做的工作。基本宗旨是为项目雇佣专业的项目经理（Specialist Manager），这样作的目的是确保高水平的施工。

三、一体化实施方式（Integrated Methods）

一体化方式要求被雇佣的一个组织在其专业范围内（以及传统上的组织范围内）完成一整套的工作。最常见的一体化方式是各种各样形式的设计加施工，以及建设、经营和移交（给业主）的方式。

一体化方式的一个共同的特点是，（从业主的角度看来）承包商是唯一的责任方。

（一）设计加施工（Design-Build，D&B）

设计加施工的方式（D&B），这是因为其在建筑业的房屋建设中是最普通的方法。通常（D&B）由一个承包商牵头，该承包商通过选择性招标从三四个承包商中选出，按照

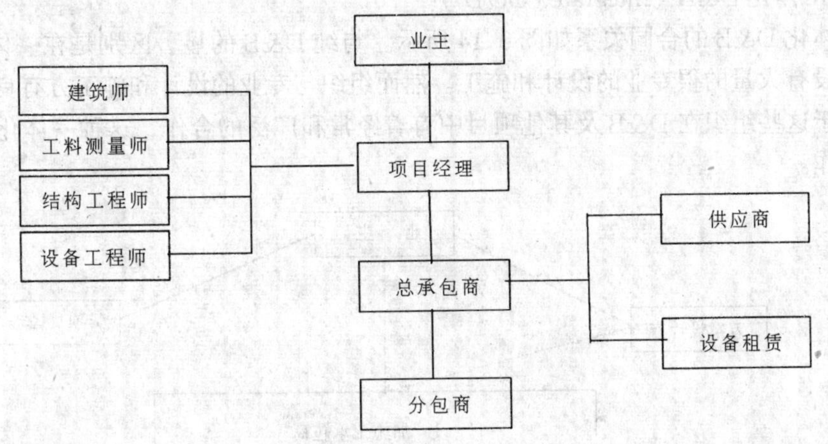

图 3.12 项目管理（2）

业主规定的建设要求实施设计和施工。通常以“总价”投标以支付设计和施工的费用。

在英国，虽然有多种专门 D&B 合同范本可供使用，但 JCT 还是发行了专供“由承包商设计”项目的标准合同范本（CD81）；由承包商完成的设计量可多可少，从一小部分到整个 D&B 项目。根据 CD81，可采取灵活多样的付款方式（按照总价投标方式），既可分阶段付款，又可按进度付款，但承包商必须申请（在建筑工程中要求承包商申请付款方式；合同中规定建筑师的职责——即按照规定的周期代表业主签发支付工程款）。

Rowlinson（1988）按照承包商的组织性质将 D&B（设计加施工）分成三大类：纯 D&B、一体化 D&B 和分解式 D&B。近来出现了一种程序变化，业主雇佣建筑师作方案设计，承包商根据该方案设计进行投标得到详细设计和施工的合同，根据建筑师与业主的合同将“后面的设计”转移给中标的承包商。

1. 纯 D&B（Pure D&B）

图 3.13 是纯 D&B 的关系图。业主可以雇用咨询工程师（方案设计师），以提供独立的专业意见来协助业主决策。D&B 组织是拥有自己的设计师的承包商；仅将很专业的设计和施工的部分分包出去。因此该组织是 D&B 的专家。

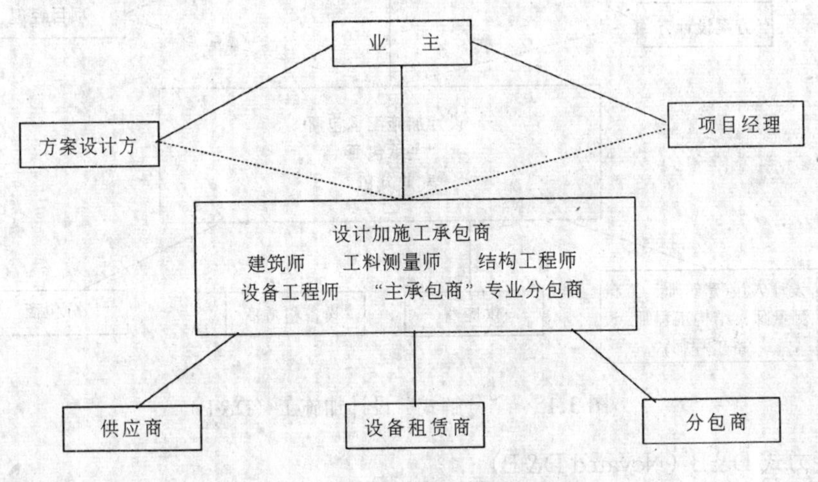

图 3.13 “纯”设计加施工（D&B）

2. 一体化 D&B（Integrated D&B）

一体化 D&B 的合同关系如图 3.14 所示。与纯 D&B 的显著区别是在一体化 D&B 的组织中设有大量的很专业的设计和施工。然而组织与专业的设计和施工方有良好的合作关系，由于这些组织在 D&B 及其他项目中有着经常和广泛的合作，这种一体化会产生高效率的工作。

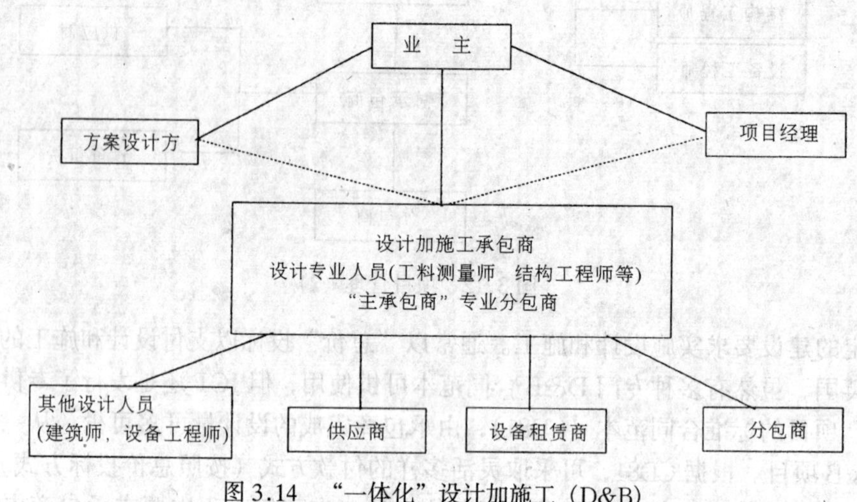

图 3.14　“一体化”设计加施工（D&B）

3. 分解式 D&B（Fragmented D&B）

图 3.15 是分解式 D&B 的关系图。该 D&B 组织从本质上讲是一个普通的总承包商，因此他必须将所有的专业工作分包出去。一般来说，这种作法存在着相互协调和其他运作方面的困难。在 80 年代，很多英国承包商都试验过这种形式的 D&B；遗憾的是这种试验导致了工程的履约不良，并且败坏了 D&B 方式的名声。后来 D&B 不流行了，分解式 D&B 组织大都退出了那部分市场份额。但 D&B 通过专门从事 D&B 的组织逐步又恢复起来。

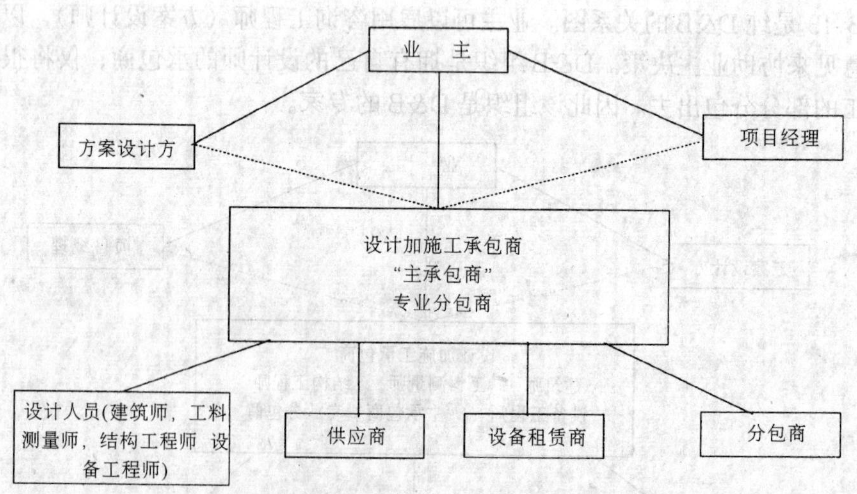

图 3.15　“分解式”设计加施工（D&B）

4. 接力式 D&B（Novated D&B）

接力式 D&B 的产生是由于某些 D&B 项目的履约不良，特别是质量问题所引起的。

开始时，业主雇佣一位建筑师（或许还有其他设计顾问）将项目的设计做到方案设计阶段。然后该方案设计用于预选参加D&B投标的承包商（3或4个竞争），这些承包商在总价合同的基础上投标，以获取详细设计和施工的合同。但要求业主与建筑师的合同应转移给该承包商。因此，作方案设计的建筑师应对详细设计和施工进行监督，以保证设计思想的连续性。采用这种方式的业主的主要愿望是确保工程的质量。

(二) 建设、经营和移交（Build-Operate-Transfer，BOT、Build-Own-Operate-Transfer，BOOT）

项目实施中建设、经营和移交的方法分为两大类：建设、经营和移交（BOT）；建设、拥有、经营和移交（BOOT）。一些以这种方法实施的较大型项目的承包商多为联合经营体。在决定将项目授予谁的时候，主要的考虑是投标书中的融资“一揽子计划”。图3.16所示为BOT/BOOT项目的关系图。

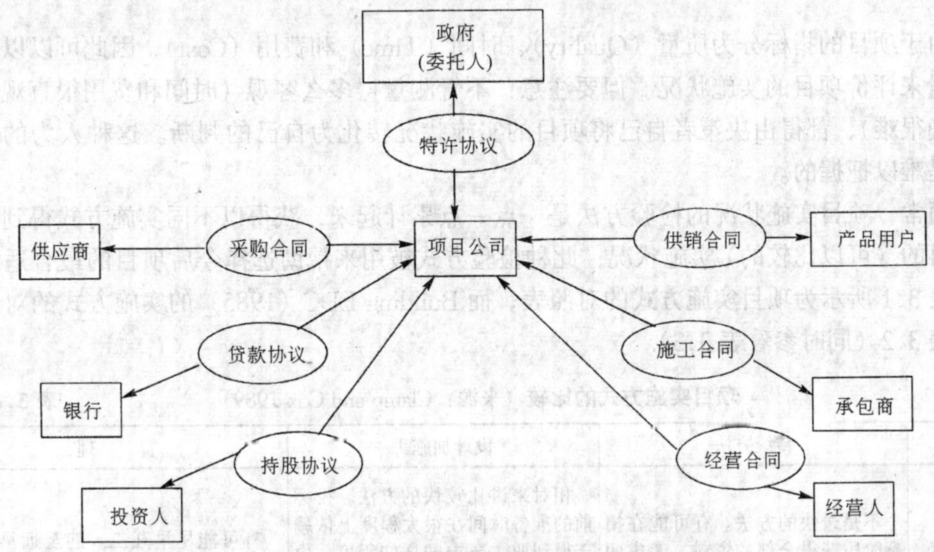

图3.16 BOT/BOOT项目的关系图

政府可以建立一个公司，以提供场地并作为最终的业主或经营者。根据项目的性质(生产设施，如发电厂、公路等基础设施)，项目公司、施工承包商（可包括设计）、项目经营者和持股承包商可以是一个组织。在BOT项目中，承包商不拥有项目，但要对项目设计并施工，在规定的期限内经营该项目，并在经营期截止时按事先定好的条件（维修保养状态/设备完好程度）将项目移交业主。在BOOT情况下，在施工期和经营期内承包商对项目有拥有权。

因此Merna和Smith（1994）将BOOT定义为“一个委托人（通常是一个政府），以授予特许期的方式将某项目委托给一个发起人，有时称为受让人，在最终将完好的基础设施无偿移交给委托人之前，他在转让期内负责基础设施的施工、融资、经营及维修。为了偿还贷款和融资成本，保养、经营该基础设施，并获取一定的利润，在特许期内发起人拥有并经营该基础设施，且收取基础设施使用费。”

BOT或BOOT项目类似于“交钥匙”工程，但前者的经营和维修则向后延伸，以使受让公司（发起人）在将项目移交给转让人之前获得足够的利润。

这种“转让”项目的模式可将委托人从其他实施方式中的一些固有问题中解脱出来。

项目的融资工作转交给项目公司，在一段时期内确保项目在使用中合理经营，委托人在特许期结束时可得到符合预定条件的、完整的、可使用的设施，还可能在发起人的经营期间得到适量的收入。

应根据一定的合作模式明确各方的权利、责任和追索权。必须就移交时间、竣工里程碑、支付方式等达成协议。也许最困难的是如何事先明确规定移交委托人时设施的状况。其状况除必须为各方明确规定并达成协议外，还必须是可达到的、可度量的。

在若干年的特许期（可能包括也可能不包括设计施工时间）内，很多外部因素可能（积极地或消极地）影响项目的实施和效益。必须在合同文件中对这些风险进行识别、量化和分担，因为这些风险对项目投入和收益的冲击会影响该项目的吸引力。

第5节　项目实施状况

由于项目的指标分为质量（Quality）、时间（Time）和费用（Cost），因此可以以这三个变量来评价项目的实施状况。但要注意：不管测量得多么客观（时间和费用很直观，但质量确很难），都得由决策者自己将项目的实施状况转化为自己的判断。这种人为的转化过程是难以把握的。

通常，项目实施状况的检验方法是一点一点累计起来，获得以不同实施方式得到的各种项目的（可以比较的）实施状况；此种检验方式被用来帮助选择今后项目的最合适的方式。表3.1所示为项目实施方式的对照表，而Building EDC（1985）的实施方式的对照则列于表3.2（同时参看表3.3）。

项目实施方式的比较（来源：Clamp and Cox 1989）　　**表3.1**

	传统方法	设计加施工	管　理
速　度	不是最快的方法。有可能在招标阶段获得全部的资料。考虑两阶段招标或议标	相对来讲比较快的方法。投标前的准备时间在很大程度上依赖于得到业主要求的详细程度。由于设计和施工平行进行，缩短了施工时间	有可能尽早开工。甚至远早于招标邀请的发出
复杂性	比较简单，但当业主指定分包商时，有可能产生问题	是一种很有效的合同安排，由一个承包商负责设计和施工，有着明确的责任划分	在项目的早期就将设计和施工综合考虑。复杂的管理对管理的技术要求较高
质　量	业主要求明确的质量标准。承包商对达到规定的质量标准负全部责任	业主对承包商的质量缺乏直接的质量控制手段。承包商的设计力量有可能比较薄弱。业主不能决定专业承包商的选择	业主要求明确的质量标准。管理承包商对施工作业和材料达到规定的质量标准负全部责任
灵活性	设计和变更在很大程度上由业主控制	缺乏严厉的惩罚措施，合同一旦签订，业主将基本上脱离项目的实施。承包商在与自身相关的设计和变更上有较大的灵活性	在施工阶段，业主可以改变设计要求。管理承包商可以调整进度计划和费用
确定性	在开工前就已确定了项目的费用和工期。责任明确，在每个阶段都可以监控费用	费用和工期都得到保证	业主只负责费用计划、图纸和标准规范

续表

	传统方法	设计加施工	管　　理
竞争性	有着广泛的竞争。议标缩小了竞争的范围	业主难于参与包含不同费用和设计的方案的评比。难以评估直接的设计加施工的竞争力。如果承包商在专业工作和材料供应上引入了很强的竞争机制，则业主不会受惠于由此而带来的好处	管理承包商的确定是由于其管理技能具有竞争力而不是其服务费。不过还可以在施工工作包上体现竞争
责　任	设计和施工之间的责任很明确。若（分）承包商，供应商介入设计，就会产生责任不清	责任很清晰	项目的成功取决于管理承包商的技能。相互信任是关键。在整个过程中都要协调好专业人员
风　险	在各参与方之间比较公平的分担	几乎全部由承包商承担	主要由业主承担，若是施工管理承包，则几乎全部由业主承担
结　论	费用和质量都较好，但工期较长	费用和工期都较好，但质量难以令人满意	费用和质量都较好，但工期较长

注：此表应结合图 3.17 和图 3.18 阅读。

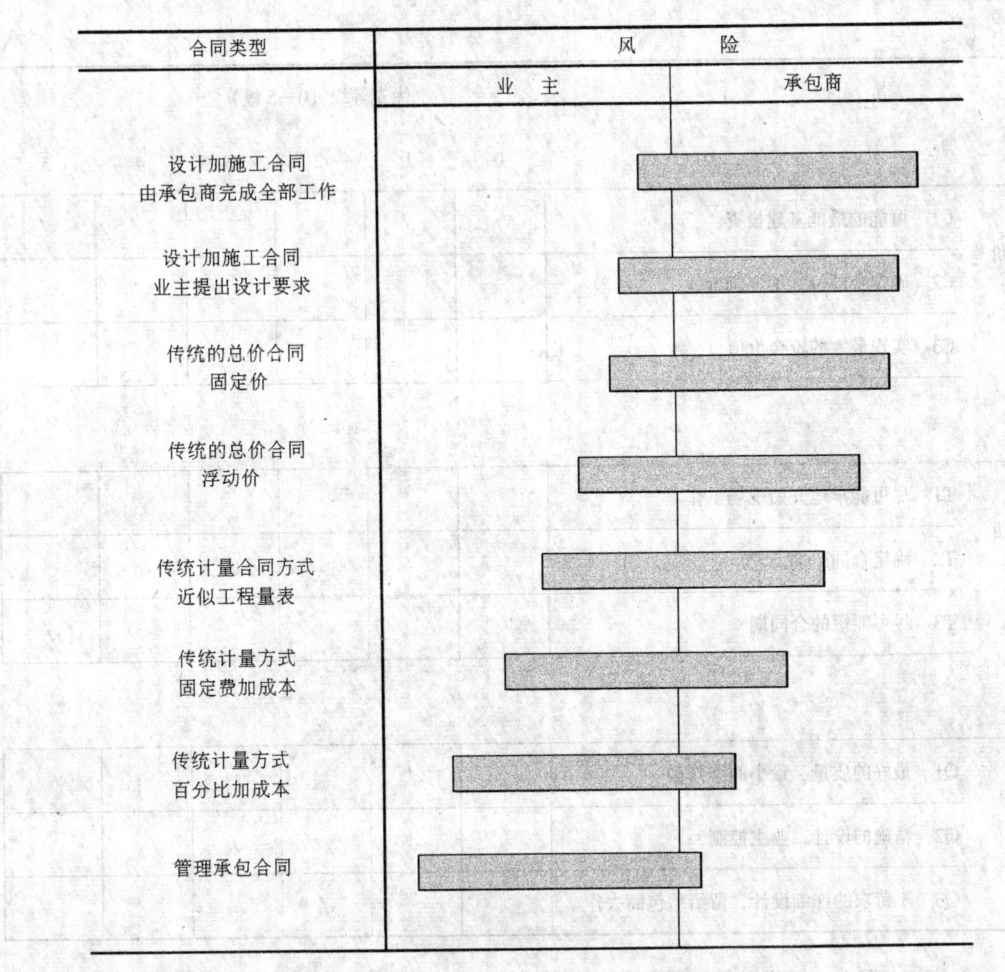

图 3.17　不同合同类型的风险分配示意图

（来源：Clamp and Cox 1989）

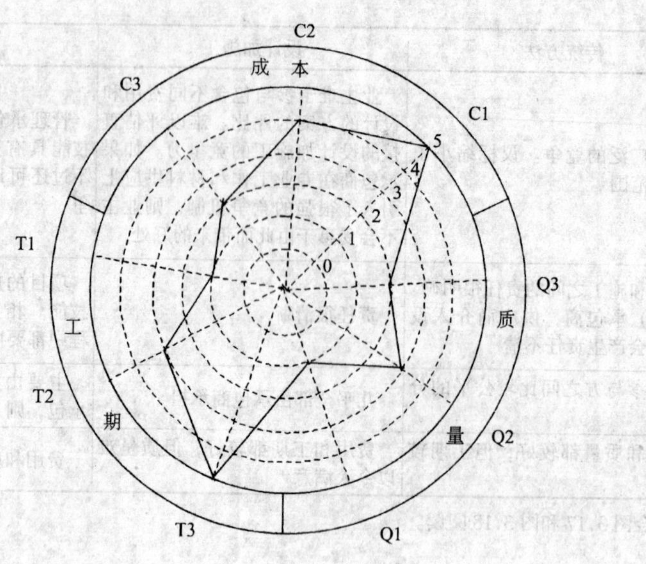

	指　标	0	1	2	3	4	5
造价	C1　可能的最低基建投资						√
	C2　确定合同价，不许调价					√	
	C3　实现最大的资金价值			√			
工期	T1　尽可能早地开始现场工作		√				
	T2　确定合同工期				√		
	T3　尽可能短的合同期						√
质量	Q1　最好的质量，最小的维修量		√				
	Q2　精确的设计，业主控制				√		
	Q3　不苛求的详细设计，留给承包商去作			√			

（表头：优先等级（0～5 级））

图 3.18　造价、工期和质量等级评定（来源：Clamp and Cox 1989）

实施方式与项目因素的对照（来源：Building EDC，1985）　　**表 3.2**

	传统方式		设计加施工		管理					
	循序渐进	加快方式	议标	竞争性招标	管理承包	施工管理	承包商项目经理	业主方项目经理		
1		●	●	●	●	●	●	●	关键的	A 时间安排
2		●	●	●	●	●	●	●	重要的	
3	●								非关键的	
4	●	●			●	●	●	●	是	B 可控制的变更
5			●	●					不是	
6	●	●			●	●	●	●	是	C 复杂性
7		●	●	●	●	●	●		一般	
8			●	●					不是	
9			●	●					基本的	D 质量水平
10	●	●	●	●	●	●	●	●	好的	
11	●	●			●	●			有声望的	
12	●		●	●	●		●		是	E 价格的确定性
13		●				●		●	目标	
14	●			●	●	●	●	●	施工	F 竞争性
15	●				●				施工和管理	
16		●	●						无	
17	●	●			●	●			不同的公司	G1 责任方
18			●	●			●	●	仅一个公司	
19			●	●			●		不是	G2 专业人员责任
20	●	●			●	●		●	是	
21						●		●	不可以	H 风险防范
22	●	●			●				分担风险	
23			●	●			●		可以	

注：对于某一具体项目，当考虑完其所有 A～H 项因素后，对照每种实施方式的圈点情况，选择最符合的那种实施方式。

不要仅根据该问卷作出实施方式决策，该表仅作为初级指导资料，供参考。

不同的专业人员承担设计工作合同形式的比较　　**表 3.3**

(A) 由业主雇用的建筑师或其他专业人员承担的设计

格　式	其他合同文件	定　价
带工作量的标准格式	图纸，工程量清单（说明工作的质量要求和工作量）	总价合同；若没有明确说明，应按月支付

续表

格　式	其他合同文件	定　价
(A) 由业主雇用的建筑师或其他专业人员承担的设计		
不带工作量的标准格式	图纸，规范	总价合同；若没有明确说明，应按月支付
建筑合同的中间格式	图纸，规范（或者进度计划，或者工程量清单）	总价合同；若没有明确说明，应按月支付
最少建筑工作量的协议	图纸和/或规范和/或进度计划	总价合同；最少每四周支付一次
带初步设计工作量的标准格式	图纸，初步设计工程量清单（说明工作的质量要求和工作量）	在对所有工作计量和定价的基础上，将投标价换算成最终确定的价格；若没有明确说明，应按月支付
成本加固定酬金格式	带或不带图纸的规范	成本加固定酬金；若没有明确说明，应按月支付
(B) 由承包商承担的（部分）设计		
带承包商设计的标准格式	业主的要求；承包商方案；合同总价分析	总价合同；若没有明确说明，应按月支付
带按照承担的设计调整过的工作量的标准格式	业主的要求；承包商方案；合同总价分析（仅包括与承包商负责设计有关的合同）	总价合同；若没有明确说明，应按月支付

注：此表应结合图 3.19～图 3.21 阅读。

Skitmore 和 Marsden（1988）展示了多属性效用分析（Multi-attribute Utility Analysis）在选择实施方式时的应用（图 3.22～图 3.24）。该方法帮助业主的决策者确定什么是项目实施的重要因素，这些因素一旦确定，它们的权重关系也就确定了——即每个因素相对于其他因素的重要程度。然后即可针对各种实施方式的特征及其相对重要性的权重因数估量各种实施方式的可能的效果；获得最高“得分”的实施方式就是最适宜的方法。这种决策方法的实用性，在于它承认各种方法的特征和权重因数往往是因不同的项目而异，而且更重要的也许是，它有助于业主建立适用于每一个拟建项目的实施方式（指标）的分层结构。

从现有的有关项目实施方式的评价来看，比较一致的观点是：

• 传统方式着眼于费用和质量；实施项目所必须的工期较长，尤其是采用（阶段的）首尾相接的情况下，所需工期更长。

• 由于各专业承包商的经验和技术日益提高，设计加施工的方式也正在改善它的项目实施状况。设计加施工的项目一般比传统方法竣工快且造价低，但质量方面可能受影响。

• 管理承包方式是最快的项目实施方式，质量也好，但造价会略高一些。

很显然，上面的论述是一种十分概括的说法；对于不同的实施方式以及各个实施方式中的不同方法，人们对实施状况的影响仍然存有较大的争议。

通常，项目的实施方式会影响项目的效能因素：进度快的项目，造价较高；费用低的项目质量较差等等。不过，一般人们只是将这种说法作为一个大的笼统的说法，实际上，也不一定，进度快的项目管理费会降下来；所节省的管理费也许会抵消项目的因赶工而增加的费用，从而引起造价的降低。详细分析是重要的！

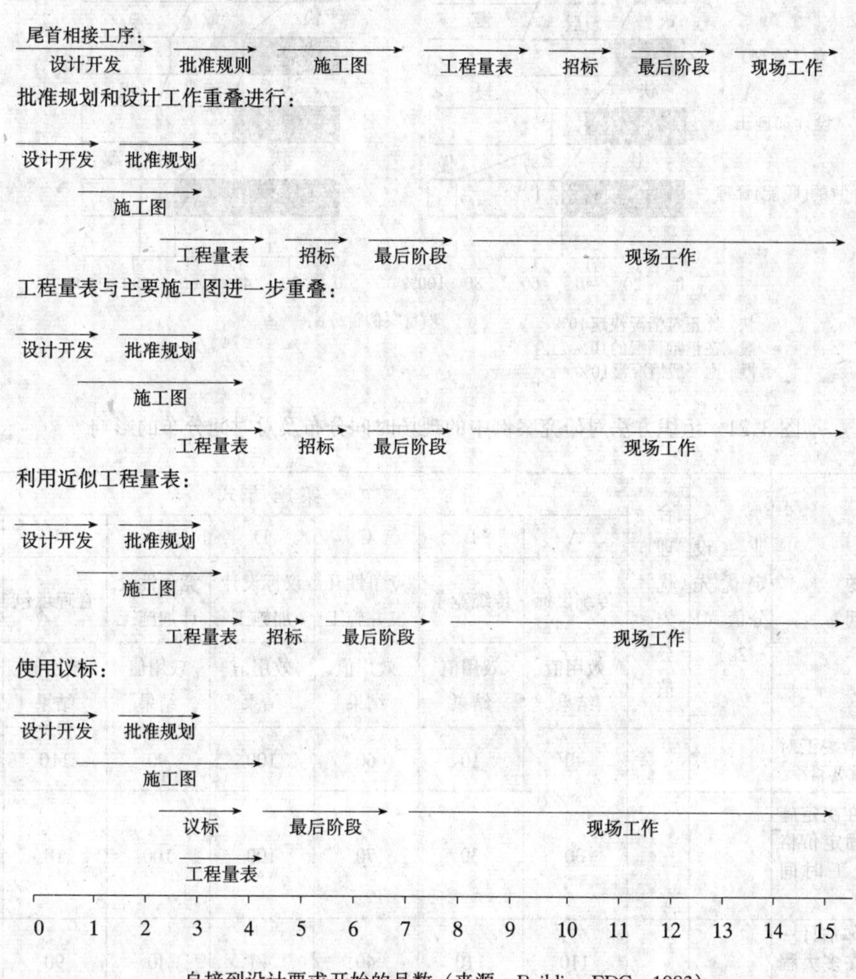

图 3.19 施工前期时间表

组织方法	项目的现场工作时间百分数			项目的总时间百分数		
	快	一般	慢	快	一般	慢
传统方法	17	37	46	25	29	46
自己管理	20	40	40	40	20	40
设计加施工	47	11	42	47	21	32
分散的（职能）管理	50	38	12	63	12	25

快：至少比一般情况竣工快 10％的项目

一般：竣工时间在正常情况的 10％之内

慢：至少比一般情况竣工慢 10％的项目

图 3.20 项目实施与合同方式的关系（来源：Building EDC，1983）

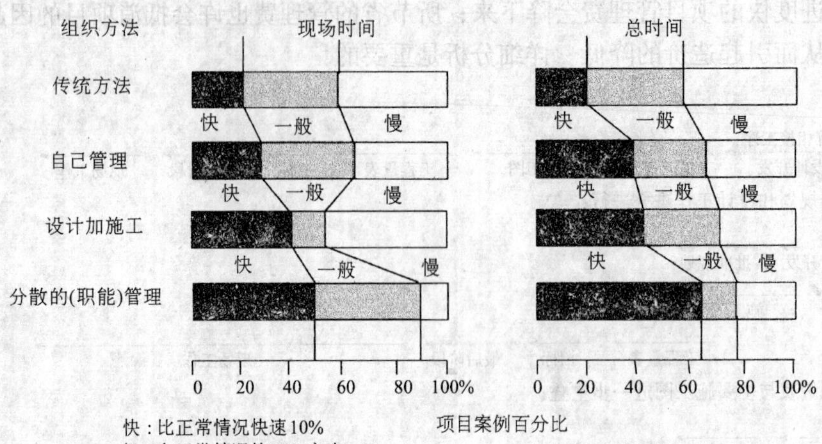

图 3.21　组织方法对研究案例中的现场时间分布及总时间分布的影响

业主的优先性问卷	业主设定优先分值（1~20）	合理优先分值	实施方式						
			A	B	C	D	E	F	G
			传统议标	传统竞争	竞争性开发并施工	议标设计加施工	竞争性设计加施工	管理承包	交钥匙承包
			效用值结果	效用值结果	效用值结果	效用值结果	效用值结果	效用值结果	效用值结果
1. 速度：提早竣工对你的项目的重要性			40	10	60	100	90	110	110
2. 确定性：在决定施工前你要求固定价格和严格的竣工时间吗?			30	30	70	100	100	10	110
3. 灵活性：你估计一旦开工项目在多大程度上需要变更			110	110	40	40	40	90	110
4. 质量要求：你在设计、工艺方面的质量和美学要求			110	110	80	40	40	90	10
5. 复杂性：你的建筑物需要高技术和高档设备吗?			100	100	70	50	50	110	20
6. 风险防范和责任：在多大程度上希望一个组织负责，或转移投资和时间风险			30	30	70	100	100	10	110
7. 价格竞争：通过价格竞争选择施工队伍对你重要吗?			20	110	80	10	80	40	30
总　和									

图 3.22　实施方式决策表（根据规定的效用值）

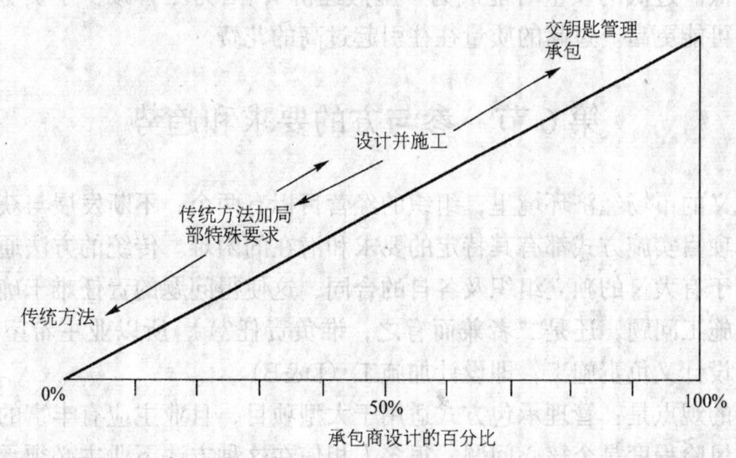

图 3.23　项目实施方式与承包商承担设计的比例

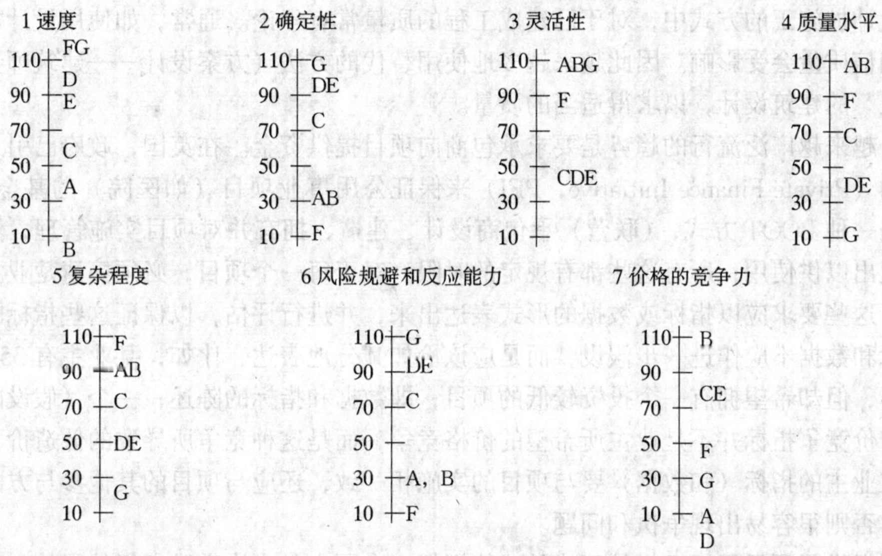

图 3.24　效用值评分法

获得较短工期的最现成的方法是工序的搭接。（通常）在审查承包商的进度计划的时候看不到节省的时间。然而在设计阶段则有较大的余地，因为通常设计工作是按顺序进行的。此外，如果设计、报价（投标报价等）和施工可以重叠进行，即可极大地缩短整个项目的时间。

从确保业主的资金价值的观点考虑，适当的工程质量是十分重要的，质量既不能太高，也不能太低。过低的质量可能成为“虚假经济”，因为尽管减少了资金投入，（后期的）维修费用可能更高。过高的质量往往引起过高的花费。

第6节　参与方的要求和趋势

在资本主义的市场经济环境里，组织的经营目标有两个：不断发展与获得利润。

任何一种项目实施方式都有其特定的要求和潜在的困难。传统的方法通常较慢，且责任分散，是由于有大量的独立组织及各自的合同，这使得问题的责任难于确定（比如：是设计缺陷还是施工问题，还是二者兼而有之，谁负责任?），所以业主希望有一个唯一责任方，既负责设计又负责施工，即设计加施工（D&B)。

一种普遍的观点是：管理承包方式适用于大型项目，且业主应有丰富的经验。管理公司所能承担的风险程度是个核心问题，很多人相信在这种方法下业主必须承担大部分的风险。

在设计加施工的方式中，对于已建成工程的质量常有争论。通常，如使用设计加施工方法，相信质量会受影响。因此越来越多地使用替代的方法（方案设计——建筑师）来确保“独立”的建筑设计，以求得适当的质量。

一个越来越广泛流行的趋势是要求承包商向项目提供资金。在英国，政府已引入私人融资行动（Private Finance Initiative，PFI）来保证公用事业项目（如医院）的基金。PFI基本上是一种BOOT方式，（联营）承包商设计、建造、拥有并对项目实施管理，然后将建筑物租出以供使用；所有这些都有规定的时限。对于每一个项目，必须搞清楚业主的各种要求。这些要求应以指标或数据的形式表达出来，并进行评估，以保证这些指标的相容性。指标和数据不应作进一步假设，而是应该恰如其分地表达，比如，某业主有350万美元的预算，但却希望拥有一个投资较低的项目，即数据和指标的陈述；一个（假设的）不适宜的造价竞争指标并不是业主所希望的价格竞争，而是这种竞争所导致的低造价。

不仅业主的指标（和数据）要与项目的实施相一致，还应与项目的其他参与方的要求相一致，否则很容易出现争执和问题。

合同提供了项目组织运作的正式的法律框架，合同本身也许鼓励良好的履约，但履行的具体情况取决于项目的参与各方。

图3.25中显示了分配施工工作时应考虑的主要因素。

图3.26显示出在英国实施方式的使用趋势。传统的方法越来越少采用，管理方式相对稳定，设计加施工的方式正在经历快速上升的过程（指合同价）。可将趋势总结如下：

- 使用单一责任方有增加趋势；
- 承包商为项目融资有增加趋势；
- 使用传统方式有减少趋势；
- 使用设计加施工方式有增加趋势；
- 有专业知识/经验的业主的影响有增加趋势；
- 使用专业（专业分工）承包商有增加趋势；
- 一体化过程有增加趋势（主要是多专业设计咨询方和设计加施工承包商）；
- 价值（按他们的术语）意识和业主对较高价值的要求有增加趋势；

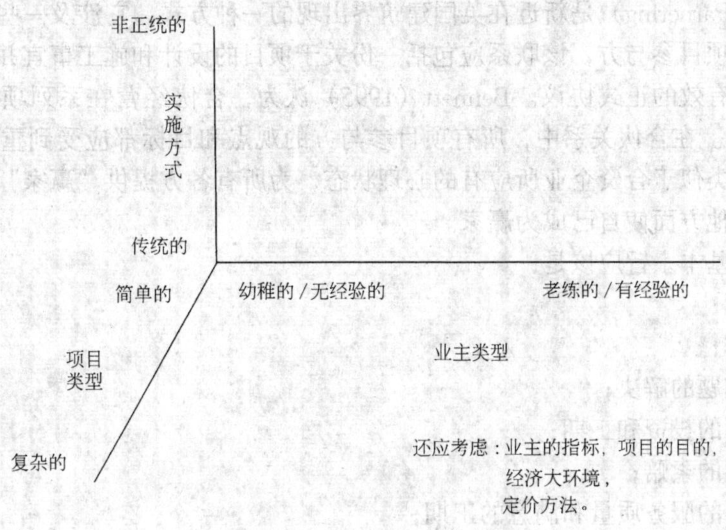

图 3.25　施工工作的分配

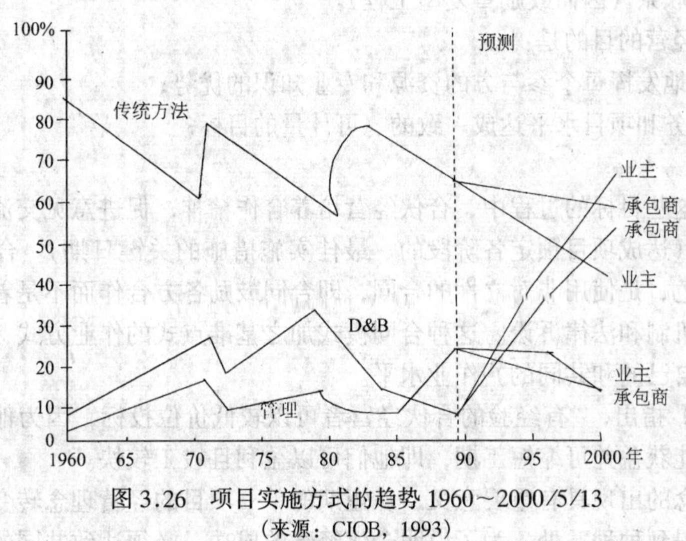

图 3.26　项目实施方式的趋势 1960~2000/5/13

（来源：CIOB，1993）

• 要求较好地实施项目（较快、较便宜和较好的质量）。

此外，业主要求预测准确。通过对承包商提交的项目管理班子的专业水平的考察（评标过程的一部分），业主与其咨询人员实行一种“能力保证”。对承包商的最终选择往往基于：

• 使用非价格的或价格竞争因素，进行初选；
• 使用价格竞争的复选阶段；
• 使用非价格—人的能力因素的最终阶段。

假如在这种分析中有用功能分类的方法确有裨益的话，作为项目财务、经济和法律方面的专家的工料测量师，应该是这些工作的关键（领导）角色，特别是在确定费用和价格数据方面，在影响那些因素的知识方面以及如何尽可能确保业主提出的指标的价值方面更是如此。

合伙经营（Parnering）是新近在英国建筑界出现的一种方式，它涉及一些建立起持久联系的（主要）项目参与方，该联系应包括一份关于项目的设计和施工事宜并在若干年的规定期限内保持有效的正式协议。Bennett（1995）认为，合伙经营在系列项目中可节约成本10%～30%。在合伙关系中，所有项目参与方的观点和目标都应受到重视并得到配合，以促成一种类似于合资企业所应有的心理状态，为所有各方提供“赢家”地位，而不是某一方牺牲其他方面使自己成为赢家。

合伙经营的基本宗旨应该是：

- 促进革新；
- 改善合作；
- 有助于问题的解决；
- 共享节约的投资和工期；
- 减少可能的索赔；
- 鼓励优良的服务质量和满意的工期；
- 迅速决策；
- 建立持久联系（因而鼓励重复型工程）。

因此，合伙经营的目的是：

- 最大限度地发挥每个参与方的资源和专业知识的优势；
- 就提高服务和项目水平达成一致的、可计量的目标；
- 追求价值。

在努力实现这些目标的过程中，合伙经营培养合作精神，促进意见交流，有助于形成里程碑和基准点（达成项目预定各阶段的、最佳实施措施的关键日期）。合伙经营所采用的协议的一大特色，是使用非对立性的合同，即合同鼓励各方合作而不是着眼于权利、责任，特别是追索机制和法律诉讼。这种合同模式加之基准点式的作业方式，鼓励合伙各方不断提高他们（自己的和共同的）作业水平。

Miles（1995）指出，“有经验的合伙经营者可以较低价位投标，因为他们知道合伙项目一般情况下都能获益并可缩短工期，即他们可以盈利且竣工较快。”

合伙经营概念的出现具有重要意义，从短期的单一项目的经营理念转变到长期、多项目的关系，可以得到种种益处。为了说明合伙经营的成功，必须达致共同的目标，以使得所有的参与方通力合作来确保他们的投入和投资可得到适当的回报（与其他参与方相容的受益），据此不断提高项目的实施水平（且减少纠纷的发生）。

思考题

1. 用功能分析的方法解释，就业主而言工料测量师在建设项目的施工阶段的主要特点及其角色。
2. 讨论以“传统方式”实施工程项目时的交流形式和信息流程，并考虑设计和施工阶段这种交流形式和信息流程的区别。
3. 就某一建设项目所使用的实施方式方法和相应的效果之间可能的关系作出评价。
4. 解释并讨论“项目合伙”和“战略合伙”，指出其实施目标。

参考资料

1. Cherns, A. B. & Bryant, D. T. (1984) Studying the client's role in *Construction Management*, *Con-*

struction Management and Economics, 2, pp 177-184

2. Clegg, S. R. (1992) Contracts Cause Conflicts, in Fenn, Pand Gameson, R (Eds), *Construction Conflict Management and Resolution*, London, E & FN Spon, pp 128-144
3. Maslow, A. H. (1954) *Motivation and Personality*, New York, Harper and Row
4. Baumol, W. J. (1959) Business Behaviour, *Value and Growth*, New York, Macmillan
5. RIBA, (1973) *Plan of work for design team operation*, RIBA Publications Ltd.
6. Banwell Report (1964) *The Placing and Management of Contracts for Building and Civil Engineering Work*, London, HMSO
7. Rowlinson, S. M., (1988) *An Analysis of factors affecting project performance in industrial buildings*, PhD thesis (unpublished), Brunel University
8. Merna, A & Smith, N. J. (1994) Concession Contracts for Power Generation, *Engineering*, *Construction and Architectural Management*, 1, 1, pp 17-27
9. Building, EDC, (1985) *Thinking About Building*, National Economic Development Office, London, HMSO
10. Skitmore, R. M. & Morsden, D. E. (1988) Which Procurement System? Towards a universal procurement selection technique, *Construction Management and Economics*, 6, pp 71-89
11. Fellows, R. F. and Langford, D. A. (1980) Decision Theory and Tendering, Building Technology and Management, October, pp 36-39
12. CIOB, (1993) *Marketing and the Construction Client*, Charted Institute of Building
13. Bennett, J. (1995) Team Talk- at half time: Profits of partnering, *Building*, 28 July, pp. 30
14. Mills, E. (1995) Teams with Common Goods, *Building*, 18 August, pp. 25
15. Mackinder, M. and Marvin, H. (1982) *Design Decision Making in Architectural Practice*, Research Paper 19, Institute of Advanced Architectural Studies, University of York, April
16. Building EDC (1983) *Faster Building for Industry*, National Economic Development Office, London, HMSO
17. RIBA (1984) *Practice Note 20 (revised) to Standard Form of Building Contract* 1980 *Edition*: *Deciding in the appropriate form of JCT Main Contract*, London, RIBA Publications
18. Clamp, H. and Cox, S, (1989) *Which Contract*: *Choosing the appropriate Building Contract*, London, RIBA Publications

第4章 可 建 筑 性

本章着重讨论工程可建筑性的含义，指出了如何进行设计以提高工程可建筑性的方法；重点研究了影响可建筑性的七项因素，阐明了可建筑性对工程价格、施工的影响，给出了可建筑性的衡量方法，并讨论了可建筑性的延伸——可施工性的含义。

第1节 可建筑性的概念

CIRIA（1983）给可建筑性（Buildability）下的定义是：在使最终的建筑能满足所有的既定要求的前提下，设计使得施工更加容易的程度。

从设计过程来看，以上定义的第一部分涉及设计的条件——标准和参数，而定义的第二部分则讲的是设计和施工的关系。

设计和施工的关系取决于设计本身以及设计意图如何表达，施工人员怎样理解设计意图，怎样把设计人员的意图转变为具体的施工过程。设计意图的表达是复杂的，如系统示意图4.1所示，NEWCOWBE等人（1990）对这个方面也进行过讨论；在施工中，设计意图通常是通过图纸、技术要求和规范、工程量清单和书面说明来表达的。这些信息一定要前后一致，互为补充、相互印证。而且，设计意图的表达应是一个渐进的过程，以便被施工人员逐渐理解和接受；设计意图的表达也要有时间性（要远早于付诸于实施以前），使得在做出决定之后，不会因需要考虑后来的情况而对（前面的）设计作进一步的改动。

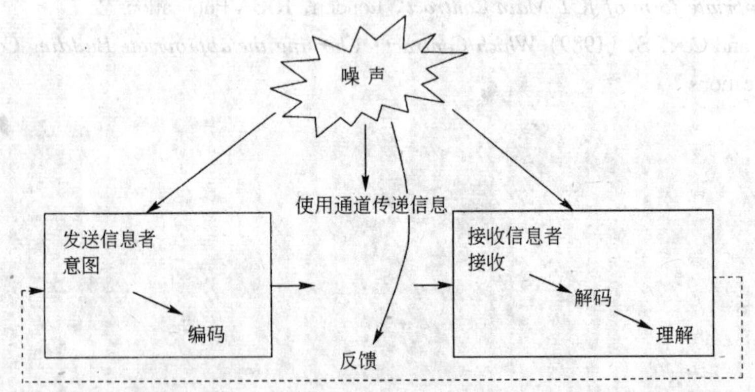

图4.1 信息沟通体系

对设计意图的理解和解释，以及将设计意图转变为施工过程要确保符合经济合理性的要求，特别是在市场经济体制下。在这里就是说施工应通过最小化的成本投入来解读设计，以使利润最大化——进一步的意思是说，（基于效率的要求）要使施工的容易程度达到最大化。

CIRIA（1983）提出了加强可建筑性的七条原则：

- 深入地调查和设计（特别要避免工程量清单中的未定项目和未定工程量）；
- 施工现场的施工计划；
- 使建筑的围护尽早封闭的实际施工顺序计划；
- 各工种简单组合及逻辑顺序计划；
- 最大限度地标准化和循环使用；
- 详细说明容许误差；
- 确定合适的和耐久性好的材料。

由于可建筑性是从设计方面加以考虑的，上面的原则讲的是为了易于施工，设计人员应如何想，如何做。

BISHOP（1975）指出，在通常情况下，总的设计时间比单个作业设计所花的时间总和要多。NEDO（1983）也有同样的看法。但是，常常将这一部分增加的总设计时间归罪于承包商。

增加的总设计时间：

- 使不同设计人员之间的互相干扰降到最低，但可能会有协调问题。
- 容许工作积压——在当前的工作出现空档时，可以用别的工作来接替（例如工料测量师的决算工作）。
- 允许设计人员集中干好紧急任务而不会给其他项目带来明显的延误。
- 提高设计的灵活性，鼓励设计人员发挥聪明才智，有利于设计资源的有效利用和成本降低。

由于项目的设计具有多版本的特点，每一版本的设计都需要截然不同的各个专业的有序输入。多专业的项目组通常同时接手几个项目的设计，以充分利用资源。

BISHOP（1975）报告说，一种方法，是将设计分成三个阶段，并根据每一阶段的设计和要求组成项目组完成各阶段的设计任务。项目组是按照个人的兴趣来挑选的，从而使项目组更能适宜于客观情况，而且由于符合个人兴趣爱好，会使每个人都全身心地投入。随着设计的进行，项目被转交给下一阶段的项目组，但这种做法的弊端是下一阶段的项目组对项目的情况缺乏全面的了解，项目本身也没有连续性。不管怎样，满足感和个人兴趣提高了生产效率。最后结果是这种做法加快了设计进度，因为有的人在工作中体验了工作拖后的经历之后，会热心帮助那些遇到工作压力的本组同事。

图 4.2 中显示了设计在工业生产周期中的位置。

特别是在制造业中，产品的开发和发展周期促进了生产率。施工活动提供的是“定做”产品，因此只是在某些专业领域可以利用周期性（例如遂道、住房、系列建筑物、道路铺设等）。施工活动需要标准化和尺寸协调，以获得具有良好可建筑性和生产力水平的合格产品。

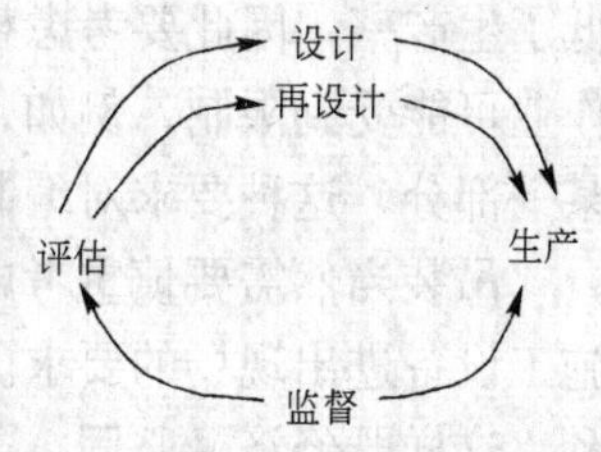

图 4.2　工业生产周期（设计决定要求不断的产品开发）

然而，建筑材料和构件的范围正在迅速扩大，设计方案的选择余地很大。因此造成大多数设计都是不同材料、构件及技术规范要求的组合，这给施工人员带来了诸多问题。为了自我保护和回避风险，新颖的设计通常导致施工单位的高要价。如果施工单位认为某些项目是有（技术的和/或管理的）问题的，他要么避开这类项目，要么就会提出一个保险的施工报价。

在此种情况下就要依靠设计人员说明新设计的可建筑性 以及潜在的现场高生产率。施工单位了解到这些益处之后才会降低他的报价。

超大型的机械设备（例如塔吊、挖掘机）经常受作业和工作场地制约。尽管作业的优先逻辑选择来自于项目的施工计划，但实际上常常是，首先提出要求的人或“嗓门”最高的人就可以使用该设备。

从这个例子来看，施工进度计划在任务间的资源分配上起着极其重要的作用（如“资源均衡”程序）。

一个编制施工进度计划的方法是保证总有可供工人作业的工作场地（施工进度计划只是预期!）。切记：进度的实现肯定有变化。在任何情况下至少得有一个作业点可供工人们开展工作。这种方法使资源得到了较好地利用，但是进度效率较低。即所谓的：

“任务等待资源”

另一个办法是着眼于加快进度，但却以降低资源的利用为代价，该方法是保证施工人员在完成了上一作业任务后总是处于待命状态。这种方法也叫做：

“资源等待任务”

第2节　影响可建筑性的重要因素

1. 调查和设计（Investigation and Design）

全面的调查和设计能降低未知风险，能提高设计的准确度。现场调查有专门的规定。这样做将使施工期间很少有变更，不致打乱正常工序，因而获得高效的施工和产生较少的索赔事件，并为业主降低造价，尽早完成施工，达到更高质量要求。

设计中值得注意的另一方面是建筑服务功能。通常是把对建筑的服务功能的考虑推得很靠后，而使服务功能的设计很仓促也很不合适。结果是既降低了可建筑性又引起了许多的维护问题（和费用）。

2. 现场作业要求（Site Production Requirements）

现场作业计划包括现场平面布置的考虑，特别是从场地、道路方面来看，正在施工的永久性建筑物和现场必需的临时设施之间的关系。有时，现场施工会有些限制条件——施工时间、噪声水平、进出场路线、工序（特别是分阶段项目）、施工方法等。限制条件降低了生产率，因此要考虑替代方案——能通过新技术/方法取得这样的效果吗？有些施工作业可能受到限制，例如，打桩或钢结构可能要求在他们施工期间其他人不得使用现场的某一部分。这种要求对编制施工计划有很大的影响。

吊装当然需要慎重考虑，特别是在多层施工中。主要是设备选择，设计要考虑到此类施工设备进出现场的要求。如果现场道路有路基用于现场进出通道/硬面层，那就十分有利，这样既经济又坚固。

3. 工序（Sequence of Operations）

实际工序是很明确的，为了早日完成封闭结构，取得不受天气影响的有利条件，就必须：

- 尽早完成外墙和封顶
- 留有进出建筑物内部的合适通道。

同时，要考虑需要安装主要设备和这些设备的交货时间。

4. 拼装和工种顺序（Assembly and Trade Sequences）

简单的构件拼装设计减少了培训/学习，而且使现场很少出错。要注意连接处，特别是不同部件/材料间的连接处。简单一些的连接，施工容易而且维护也方便。

比施工计划中的先后工序更重要的是，设计应允许施工在较大工作面上完成，避免在短期内反复进入同一工作位置作业。通过次数少但持续时间较长的施工，计划、协调、监督、检查等管理任务会比较容易进行。如果有失误，责任也可以十分清楚地界定。

5. 重复和标准化（Repetition and Stanardisation ）

重复和标准化涉及到学习曲线、构件尺寸协调、模块化加之工厂化的生产和现场拼装，这样会使施工中的变更少，需要的工种也较少。每一工种可以干更多的工作，减少了工种间的交叉和干扰，使施工平稳进行。

也许设计人员会认为这样的做法将限制设计灵感，只能画出单调、无趣、呆板的东西。但实际上并非如此，如果将标准化应用于隐蔽部件和结构构件中，反而会加强质量保证，缩短工期和降低成本。“自由发挥”给予了增加表达设计意图的机会。当然这种“自由发挥”必须取决于业主的要求。

6. 误差（Tolerances）

误差常引发诸多问题。相对来讲施工是不精确的，特别是现场作业，因此在设计时要求的工程误差过于理想，常常是很难达到的。传统建筑，如当今大多数改造项目，采用“制作加固定”的方法，这使后续工种修改自己的工作以迁就上道工序。这种办法对预制构件就比较困难。

事实证明，要在现场获得很高的精确性既费时又花钱——二者的关系是指数形式。在很多项目（如英国伦敦希思罗机场 4 号登机坪）中采用的办法是将结构和装饰分开来做。结构中的误差完全可以允许快速施工，利用“灵活”的固定方法，则使装饰误差变得很小。

7. 材料（Materials）

使用耐久性好的材料可以减少损害、利于维修和保护。比较精密的部件都要尽可能晚地安装。预制的、暴露结构的构件会出现一些特殊问题。因此只好采取风险管理的方法：或下大力气保护，使损害和修理量最小，或很少或不设保护措施而在后期进行大量的维修。

第 3 节 可建筑性的潜力

KELLY（1982）的研究发现一个项目 80％的造价在方案设计（初步设计）阶段就已经确定下来了，所以后续的控制只能影响到其余的 20％的投资。Wootton（1982）认为一个项目总造价中能受现场直接控制的部分在 6％～20％之间。而且他还认为，平均来说，现场直接劳动生产率每提高 10％，仅仅影响到合同总价的 1％。

这两种观点说明帕罗托（Pareto）分布同样适用于项目基建投资的确定，如图 4.3 所示。十分清楚，他们进一步强调要想获得较好的可建筑性就要及早考虑施工过程的需要。

Gray（1983）的计算结果为在早期设计阶段就考虑到施工问题会减少建设项目造价的

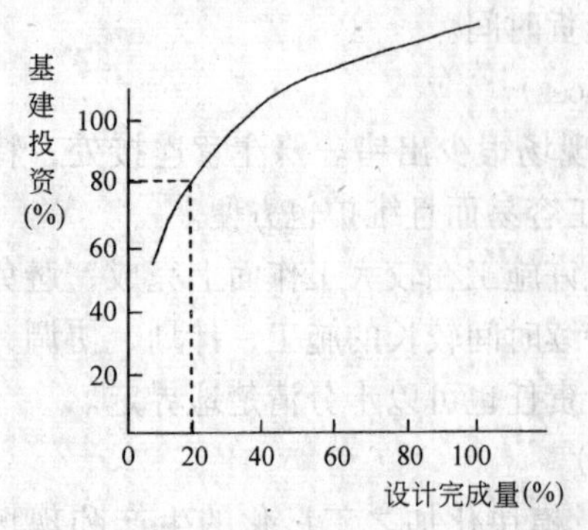

图 4.3 设计完成程度与基建投资的关系

15%；如果这样的话，英国全国每年可以节省7亿英磅。但是，Gray发现（那时）英国建筑业采用的设计和施工程序，主要是传统的“设计-招标-施工”方式，限制了得到那些节约的可能性。

因为是由各个专业公司来做的设计，所以有些设计（特别是详细设计）会带来局限性。专业间的协调是一个基本问题。因此，出现了两种相反的设计方法：其一，根据给予的意图，怎样和用什么进行建造？这是一种鼓励创新的方法；其二，根据给定的资源，建造什么和怎样建？这是一种较为保守的方法。

大多数的设计方法介于这两个极端之间，只有经过反复实践，才能找到一个适用的方式。

Urae等人（1990）发现建筑师更多地关心建筑的设计和外观，而不是它的可建筑性。他们认为施工图大多模棱两可，并主张把设计和施工过程的紧密结合作为克服问题的办法。如表4.1所示为一个实际项目的调查结果。

信息沟通统计　　表 4.1

项目	比例
沟通方式	
文字	87.6%
图纸	12.2%
口头	1.1%
沟通内容	
建什么	69.7%
怎样建	15.6%
信息种类	
疑问	32%
答复	38%
悬而未决	15.3%

来源：Urae等，1990

如果承包商认为设计的可建筑性很差，承包商肯定会提高报价以弥补可能由此带来的成本增加。或许，在很想拿到项目的情况下承包商的标价可能降低，在这种情况下，承包商会通过操作各部分的造价（费率）来得到补偿，并试图通过设计变更来解决现场出现的可建筑性问题。

通过各种研究BRE得出结论说大多数施工问题都是由施工组织或表达不充分引起，并不是操作方面缺乏技术所致。

美国工业标准化程度的提高，有利于动力工具的广泛使用。这样的标准化，与采纳的设计工艺相结合，能够使承包商对他们选定的标准件进行投标，提高了可建筑性，进而，节省了成本和时间。

Cairns等人（1990）列出了项目可建筑性的重要因素：

- 施工单位的早期介入；
- 广泛而深入的施工前期计划；
- 使用替代施工技术；
- 设计的灵活性；
- 强调良好的管理和沟通。

项目可建筑性要求设计理性化，体现在以下三个方面：

- 简明；
- 模块化；
- 复用施工图。

可建筑性是一个国际化的问题！

第4节　生　产　率

讨论了可建筑性后，我们现在需要考虑怎样衡量它。Gray（1983）认为用成本衡量是一种方法，但是更加直接和适宜的方法是通过现场生产率（Site Productivity）来衡量。可建筑性本身不能进行衡量，因此可建筑性的定义应修改为："建筑设计提高施工生产率的程度 ..."，其缺点是仍然需要比较来衡量。

从基本生产率公式出发，生产率是每单位投入的产量（或每单位产量的投入）。建筑业同其他行业一样，通常考察的是劳动生产率。当然机械（大型机械设备）的生产率也很重要。

建筑是一种劳动密集型行业。直接的或分包的劳动力是一种可控资源；它与施工机械一起作用于材料而完成产出。劳动力作业变化性大，还受许多因素的制约。劳动力是完成产出和项目执行情况的一个主要决定因素。

生产率有不同的衡量标准——经济的、行业的、项目的、工序的、单个资源或单位的。可以使用物理单位（m^3 产量，劳动力小时输入），或货币单位来度量。无论采取哪种方法度量，其条件工作种类、组别、使用的机械等必须进行记录，因而同类项可以进行比较，如奖金的计算、估价、市场集中化/多样化、编制施工计划等。由于有大量的变化因素，包括管理效率和有效性，记录的条件一定要十分清楚。

总而言之，我们进行研究是为了找出提高生产率的方法。从微观角度出发，它是从市场中获得竞争优势，更加有效的利用资源。从宏观上讲，资源的有效利用是有利的，特别是在那些资源缺乏的情况下；但是这里应保证生活水平、福利和财富的提高与增加。

历史上，生产率的提高主要是施工机械的不断应用带来的（从机械化到自动化）。促进生产率提高的主要方面有：

- 技术进步；
- 规模经济；
- 使用高质量的资源；
- 较好的生产组织。

影响"过程"的变化常常比"产品"的变化带来的效果要大！

人们在对未来看不准的时候是不愿意投资的，需求的大幅度而迅速的变化是投资的主要障碍，因而妨碍了生产率的提高。

“生产方程式” 表 4.2

输入	= 输出 +	消耗
设计 专利 管理 员工 人工 机械 材料 物品 设备 财务	由图纸、工程量清单规定的，由以业主事先确定的工期和造价要求的建筑物	停工 旷工 没有干劲 沟通不充分 争吵 缺乏信息 缺乏正确资源 丢失 误期和干扰 使用不当 修复修补超支

设计人员应将每个项目都视为有自身特点并影响到现场作业过程的单独实体，这样设计就能：

- 在不同班组的作业中获得独立性；
- 将各自独立的专业减少到最少，因而减少了对施工顺序的潜在干扰；
- 鼓励重复使用；
- 采用简明并经证实的设计、高兼容性的材料和构件（对其连接要给予特别注意）；
- 采用现实的、可接受的误差；
- 将施工作业限定在实施施工的作业者和管理人员的能力范围之内；
- 使用常规班组结构和作业（或组合成组），要有统一性；
- 保证设计完整、处于受控状态、协调一致；避免不必要的变更，特别是在施工任务已经开始或已经完成之后；
- 获得现场的信息反馈。

很清楚，设计对现场生产率的考虑与可建筑性的考虑基本上是一样的。由于现场的独立性很强的，甚至有很大影响力，因此应该对现场特点和活动进行考查，看看对设计意图的理解、施工作业是否达到生产率水平的要求。

几乎所有的现场操作都依赖于他人的、前一工种的、“管理”者和设计者的工作。其它变化因素是个人的能力和环境因素的合力影响。

其中非常重要的要求是：

- 现场准备就绪；
- 进场道路就绪；
- 材料和设备就绪；
- 工人和管理就绪；
- 资料完整、不含糊、清晰易懂、准确；
- 环境许可并且施工会更好地改善环境。

如果进度条件得不到满足，轻则进度下降，重则施工不能进行。

实际生产率应为施工进度和资源利用的有效结合。成本应是一个重要的（如果不是唯一的）判定指标。在有些情况下信誉、声望等也很重要。

一般来说，进度快，需要的控制强度就大，进度慢，则会增加总部管理费和现场管理费。其关系取决于分摊总部管理费的方法以及工期与强度对现场管理费的影响。

Forbes（1969）认为投入到项目中的人工可以分为不同的活动：

- 与建筑增长直接有关的；
- 为建筑增长所做的准备工作；
- 非生产性的活动。

专业性强的作业、创新设计和独立的项目特别容易导致低生产率。重新获得已被调遣他处的资源是一个十分棘手的问题（如分包商二次进场，设备再租赁）。计划人员追求的是工作的连续性。对个别的特殊项目，几乎不能利用现场的或自己的资源，如在非关键的作业任务上待用的资源，因此就会发生由资源闲置造成的费用增加。

Hormer 和 Talhouni（1990）在 80 年代后期对苏格兰的七个建筑项目砌砖工生产率变化的主要原因进行了研究（见表 4.3）。他们的结论要点是：

干扰对生产率的影响　　　　表 4.3

干 扰 源		生产率损失％
管理		19
	监督不当	
	工序不当	
	缺乏适当设备	
现场		20
	进出场限制	
	拥挤	
	严格的质量控制	
设计		50
	非常规造型	
	缺乏标准化	
天气		9

注：来源：Horner 和 Talbouni，1990

- 一组砌砖工的生产率在相邻两天中的波动幅度可能高达 200％；
- 当不同组在相同的条件下执行类似的工作时，一组的生产率可以比另一组高出 50％；
- 生产率变化的主要原因（占总变化的 54％）是：
  - 雇佣方式；
  - 中断；
  - 干扰原因和持续时间；
  - 工作日的时间长短；
  - 班组构成成分。

• 纯粹的劳务公司平均劳动生产率比直接雇用工人的高 40%；
• 出现干扰情况时的平均生产率比没有干扰情况时的低 26%；
• 发生干扰但操作者仍留在岗位上时，干扰造成生产率损失平均为 35%；
• 生产率的损失随干扰时间而增加：工作日最佳长度为 4.5~8 小时；
• 最优普工与技工比为地面 2:1，地面以上 3:2；
• 劳动生产率很容易通过减少干扰和中断得到提高。

设计对砌砖工生产率的潜在影响非常大，基本原因是缺乏对可建筑性因素的重视。

中断的后果取决于雇佣的方式。一般来讲，当操作者觉察到即将误期时他们将降低工作效率（减少全部停工机会）；在中断发生时，很多时间用于准备重新开始工作。当预期中断较长或出现较晚时，劳务公司的工人会离开现场，减少工作日的长度，而直接雇佣的工人则会寻找其他的工作任务来干。不同的支付方式产生于不同的雇用方法—劳务公司的人工以计件方式支付；直接雇佣的工人以计时方式支付，通常附加额外工作的生产奖金。

承包商为提高劳动生产率，其管理面临 4 个基本因素的影响：

• 现场平面布置（Site Layout）；
• 施工方法（Work Methods）；
• 施工进度计划（Work Programme）；
• 激励措施（Motivation Operatives）。
• 现场平面布置

现场平面布置受到城市规划要求（如容积率、机动车停车场）和设计的限制。临时设施的位置必须尽可能减少设施与作业现场的往返距离。资料和物资的存放位置也很重要，通常，20%以上的操作时间花在了行走、搬运、小材料分类等方面。

• 施工方法

在选择施工方法和程序时，要采用工人熟悉的技术和资源以利用学习曲线。学习曲线的较好应用可以减少完成任务所需时间最高达 60%。

• 施工进度计划

编制进度计划采用的是平均数字，同估算一样。很少考虑随工作的进展而出现的作业速度差（如高层建筑不断增加的高度）。通常施工进度计划的目的是采用不同的技术（包括波动和资源均衡），提供一个仅受最小干扰的平滑施工流量。主要的限制条件是确定给施工单位的项目工期。

施工进度计划的重要特性是，通过综合考虑不同施工作业之间的交接，周末和假期，将各个具体的作业任务统一到现场的作业方式中去，从而达到合适的作业强度和节奏。国际项目还有不同的施工模式、宗教节假日等。为了避免/减少损失和重新得到资源，通常的做法是当没有关键工作时，让非关键任务占有资源，特别是外部工作。在这种情况下，PERT 关键指数网路法非常有用。

各工种班组间的相互影响也要引起注意。要尽量减少单一工种的工作，多使用一专多能的工人。这种方法在改建项目中很有用。

• 激励措施

激励无论是对工人来讲还是对管理人员来讲都很有用处。在施工中，激励通常是与生产奖励有关，但工作条件和人际关系（组织间的关系）也不可忽视。

在英国，生产奖金包括在国家劳动法协议中—国家鼓励生产奖金机制，包括一笔有保证的最小奖金作为对基本工资的附加。英美的研究认为人们相当不喜欢（也许除非在很短时间内）干比他们应得的报酬还累还长的工作。经常地加班只能增加成本。

第5节　可施工性的要求

澳大利亚建筑业学会给可施工性（Constructability）下的定义为（Griffith 和 Sidwell, 1995）：

“可施工性是一个系统，其目的是在施工过程中获得施工技能的最佳组合，协调各种项目的及环境的制约因素，以使项目目标和建筑功能达到最优化。”

显然，这样的定义完全适用于所有的施工项目，而不仅仅是建筑项目。

从根本上讲，可施工性是可建筑性的延伸，它延伸到了使用阶段。要考虑项目在它的寿命周期终了时的处置形式（将其对资源的要求减少到最小），项目的组成部分怎样再利用或如何将非再生资源的消耗降到最低。

因此，真正意义上的可施工性应是评估项目的设计以使在整个项目的寿命周期内获得最大的收益（与标准和限制条件相协调的）而最小限度地消耗资源。这样做难度很大，它有许多难以区分和预测的变化因素。所以在多数情况下，常使用费用和价格来评估寿命周期费用，更确切地讲应是评估基建投资。

思　考　题

1. 讨论工料测量师如何和为什么使用比率来评估某一建设项目的经济设计。
2. 解释“可建筑性”并讨论为了取得好的可建筑性应做些什么。
3. 解释“生产率”并讨论为了取得较高的生产率应做些什么。

参　考　资　料

1. Carins D. A., Hon S. L., Wilson O. D., (1990) Buildability -a case study. The National Tennis Centre, *Proceedings CIB W55 W65 Conference on Building Economics and Construction Management*. Sydney vol. 4 pp 202－213
2. CIRIA-Construction Industry Research and Information Association- (1983) Buildability-*an assessment*
3. Newcombe, R.; Langford, D. A. and Fellows, R. F. (1990) *Construction Management* 1: *Organization System*, Mitchell
4. Kelly, J. R. (1982) Value Analysis in Early Building Design, in Brandon, P. S. (Ed) *Building Cost Techniques*: *New Directions*, E & FN Spon, pp 115－125
5. Wootton A. H., (1982), The Measurement of Construction Site Performance and Output Values for Use in Operational Estimations, in Brandon P.S. (ed.) *Building Cost Techniques*: *New Directions*, E & FN Spon
6. Gray C. (1983), Better Buildability could save 700 million, *Building*, 15, April.
7. Urae M., Oguri A., Tokura T., Miyaja H. Ando M., Matsumara S., Kawatani S., Kawazu I. (1990), Design and Decision-making during the Construction Stage. *Proceedings CIB W55 and W65 International Conference in Building Economics and Construction Management*, Sydney vol. 4, pp 525-534
8. Forbes W. S. (1969), *A survey of Progress in House Building*, Building Research Station Current Paper CP25/69, Garston UK, BRS

9. Horner R. M. W., Talhouni B. T. (1990), Causes of variability in bricklayer' s productivity, *Proceedings CIB W55 and W65 International Conference in Building Economics and Construction Management*, Sydney vol. 6, pp 238-250
10. Griffith A., Sidwell A. C. (1995), *Constructability in Building and Engineering Projects*, Macmillan

第5章 经济学在项目建设和使用中的应用

本章讨论了经济学在项目建设中的应用。首先介绍了设计中应注意的影响项目经济效果的设计变量，然后着重阐述几种常用的项目投资评估方法。

第1节 概 述

在项目的整个发展过程中，从一开始到最终结束的每一阶段都需要进行认真的经济和财务方面的研究。一般情况下应该由工料测量师负责这方面的工作。在进行这方面的研究时，首先应明确与决策项目有关的参数和原则。

在一个项目中，技术上和管理上各种条件存在着频繁和十分复杂的制约关系。如何处理风险和不确定因素就是一个重要问题，它涉及到对将来的预测和对决策的评估。

按照决策越早，影响越大的原则，项目的建设要求阶段是很重要的。在这个阶段中，设计人员要与业主进行沟通，以便弄清楚业主的真正需求。在做出每个决策之前，应该不断评估各种方案（因为一旦决策做出，它将给下一项决策设置一些限制条件），保证所有决策内在关系上的一致性，从而满足业主的要求。

可行性研究关注的是技术上是否可行，而项目的生命力研究（Viability）则是从经济的/财务的观点来评估在技术上可行的方案，以便从经济合理性上找出最合适的一个方案，被选中的方案应是一个在每一个财务指标上都是单位投入所产生的收益最大的方案。

资本主义市场经济的目的可以说就是为了谋求在一个项目中的最大收益（财务上的），也就是按资本收益（Capital Gain）和/或（财政）年度利润（Annual Profit）计算的收益成本比（Return-Cost Ratio）的最大化；最终的结果则取决于决策者在综合考虑了各种经济因素之后所做的决定。

设计有三个方面（层次）的选择，每一个都会影响到项目最终方案的确定。它们是：

- 技术上可行的方案；
- 项目参与者选中的方案；
- 根据项目决策原则（业主提出的条件和原则，有可能经过专家顾问的修改）选中的方案。

一般情况下，设计方面的问题可以视为技术可行性方案，它可以根据项目参与者的选择进行修改；根据项目决策原则进行方案评估是投资评价的主题。有关可施工性、（整体的）寿命周期等因素常常被看作调节因素。

第2节 设 计

Lera在1982年指出，“传统上认为应该由建筑师做出初步设计（Sketch Plan），其他专业人员再根据这个方案进行下一步工作。习惯上是由建筑师独自做出一个方案，也许仅花费几个小时，再根据艺术效果进行空间布置。”

任何一个项目的实施过程都可以看作综合项目参与人员的观点和标准的过程。每一个后来的参与者的决定和行为范围都受到以前的决定和行为的限制。每个参与者在其决策和行为方面都会受到许多影响，比如个人的（例如，家庭要求）、专业的（例如，行业内的职业道德）、使用方面的（例如，业主获利性方面的要求）、项目的（例如，在规定的日期竣工）等。

一个项目过程包含四类行为（准备实际施工时）：

- 建设要求（确定业主要求和参数）；
- 选择现场（可行性）；
- 项目和现场的统一（初步设计或方案设计）；
- 安排现场施工（最终设计和施工准备）。

建设要求明确了业主的要求和限制条件（其中可能牵涉到不同的业主方面的个人或/和组织）。业主最好通过一名代表（作为与设计人员的“联系人”）明确传递自己的要求和限制条件，以确保绝对的影响力和保证准确地决策或表述自己的意图。业主通常都会通过自己的活动明确表达出自己的要求和条件；拿到建设要求的设计人员必须能确信自己（和他人）已掌握了全部的必要信息，完全理解了业主的要求，并能够把这些信息和要求适当而准确地贯彻到设计中去。业主会主动提供一些资料，但是设计人员还应该要求业主提供其他的必要条件和材料。所以设计人员应该重视什么样的建设要求需要什么样的条件和资料（否则设计，包括以后的项目实施和使用都可能是基于不准确和不正确的基础条件和资料的结果，从而导致将来的建筑功能表现不好，业主也不满意）。

现场的选择一般是由业主负责的。有时是由业主独立进行，但是更常见的是由业主雇佣的（地产）代理商负责寻找或选择满足各种条件的（例如规模、交通条件等）现场。在许多国家中，如英国，拥有一块土地可以有多种渠道；拥有（占有）的方式一般是赋予拥有者使用该土地的权利，但不是指纯粹地、完全地拥有该土地（连带全部的地下、地上和空中的所有附属物）。不论是哪种形式的占有，国家都保留某种基本的拥有权，如上空权等。国家一般都是通过地方政府划分出土地的批准使用类型（住宅、农业、商业、轻工业等）。批准的土地使用类型是决定地价的一项重要因素，其中商业用地的地价最高。为了制约地区性或本地的土地使用或就业政策，可以对土地使用制定一些鼓励和约束政策，比如减税、转让等，都可以用来激励增加某一地区的吸引力（例如像伦敦 Docklands 区类似的“开发区”等，得以重新开发那些已经萧条、荒废的城区）。

在大多数发达国家中，所有的“开发项目”（Developments）（土地使用）都要求有政府的规划许可，包括在土地使用限制内的开发和（特别是）使用性质的改变等。而且开发项目还将遵守“建筑物控制”的规定，包括方案（设计）审核，保证符合建筑法规（结构安全、火灾逃生设施、照明、排污、保温等）；在规定的各施工阶段还要对项目进行检查，保证符合规范以及设计者的意图。

这种开发控制，或者说规划许可要求，将规范土地市场的运作。从区域和城市地理和经济学角度上看，决定土地使用的主要因素包括：财政、地形、资源的可用性、交通运输、通讯、市场位置、基础设施等。在选址过程中，大多数个人和组织都会遇到诸如时间、资料、偏好等条件的局限，或者有一些惰性（如愿意或不愿意离开现在的居住地）。特别是能源和其他资源可以得到的情况下，决定选址位置的重要因素是基础设施、交通和通讯、（大型）市场的位置等。在一块场地实施项目时存在许多限制条件，主要有：

- 规划 —— 范围、高度、容积率、停车场等；
- 业主建设要求——目的、功能设施等；
- 现场——地理、地形、地质；
- 技术——可行方案；
- 工期 ——选择方案的限制，可能限制所采用的施工方法等。

建设投资通常被看作为（评判项目的）“基本标准”（方案确定的准则）。由于有工期和费用的限制条件，可能无法采用经济上最好的方案。从建设投资来讲，由于过于重视基建投资，或由于资金的限制，而不是着眼于项目寿命周期内收益的最大化，也同样阻碍了经济上最好的方案的实施。

就现场而言，某些部位可能会出现一些特殊的技术问题。建筑施工易发生延误和额外费用增加等情况的最常见原因是意外的地下条件或某些障碍物（在下部结构开始设计之前通过比较全面的现场勘察往往能够发现此类情况）。在项目准备过程中，为了节省时间而往往忽略了现场勘察（Site Investigation）。现场勘察不但可以搞清现场情况和土壤状况，还可以发现地下障碍物（像旧基础等）和市政设施管线等（气、电、上水、下水等的主干线）。现场土壤状况（特别是承载力）可以决定项目设计和结构类型，虽然可以利用某些高技术进行处理，如地基加固、降水、长桩等，但这些施工措施既费时，费用又高，特别是在施工进行中才提出这样的要求时，情况会变得更坏。

设计的过程可以看作是一个模拟线性（非线性）的程序，它利用多维设计空间的限制条件，在考虑了全部设计可能性以后，界定出项目的可用区域，见图 5.1。根据可行方案，在考虑了客观情况（项目条件，包括工期、造价和质量要求）的基础上，确定出最佳设计。设计人员只能在具体的客观限制条件内开展工作。

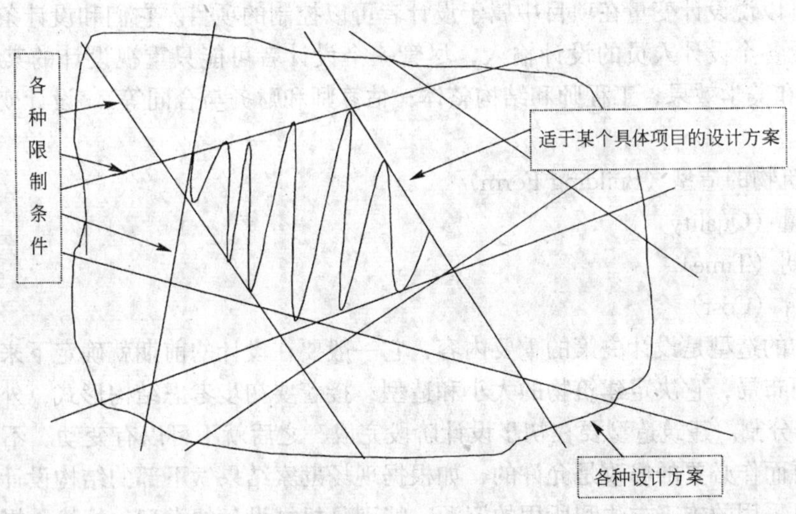

图 5.1 项目设计可行性——项目设计在多维设计空间中的可行区域

Lera（1982 年）在论及设计人员的工作方式时说，“单就设计过程的起始点或者这个过程的本身来讲，完全有理由说它很大程度上取决于设计者的设计经验。建筑师不但要分析还要综合。最终他要拿出的是一个整体方案，而不是解决某个问题的方法。少数自我设定的较有意义的目标决定建筑的形式。”

设计人员应该知道施工单位对有效率和有效果的现场运作的要求，例如储存、现场通道、资源流向、生活设施、办公室等。常常由于规划的限制而使某些现场空间有多种用途，特别是在城市中心地带；改造项目还可能会遇到特殊的困难。例如施工单位为了保证施工而必须的物资储存空间，几个较大的场地常常要比很多分散的小空间要好。在作现场布置时，应着重考虑以下几个方面的问题：

- 使用半成品建筑部分（单独带锁的房间）；
- 运土和清除垃圾的通道；
- 上部空间和吊车活动的空间；
- 对附近物业损坏的可能性；
- 与现有建筑物的连接；锚接、临时支撑等。

这些因素可以分成水平移动和垂直移动、安全和储存、附近财产的保护、减少人员事故等多种类型。当然减少人员事故是最重要的。

设计活动中的转化和领会实际上是一个理解业主的要求和条件的过程，为避免误解，要尽量使用业主和设计人员都熟悉和易于理解的词语。建设要求要转化为“功能要求”（Performance Specification）来说明最终竣工的项目要达到怎样的功能要求，即一个可接受的（最起码的）要求，进而再将“功能要求”转变成“产品标准”（Product Specification）（材料，物资，工人的技术等级等）来说明最终的项目的各个组成部分应该是什么样子。在施工开始前就要把“功能要求”转变成“产品标准”；一般是由设计人员编制供承包商投标的基准，即工程量清单（Bills of Quantities，BOQ），其中有些内容会由承包商去做（如由指定承包商承担详细设计和安装的空调系统）。

所以可以说设计变量在项目中属于设计者可以控制的项目。它们和设计条件有着相互联系，需要各个设计人员的设计输入，尽管一个设计者可能只重视设计的某些主要项目（如建筑师和美学效果；工程师和结构整体；估算师和财务与合同等）。设计变量可以分成以下几类：

- 建筑物的造型（Building Form）
- 质量（Quality）
- 工期（Time）
- 造价（Cost）

建筑物的造型是设计决策的重要内容，它一般要在设计的前期就确定下来。需考虑的因素是空间布局，它决定建筑物的大小和造型；接着要初步考虑结构形式，外墙（维护体系）和内部分割。建筑造型要在初步设计阶段完成，之后就不可以有变动。不过为了适应结构的需要而作必要的修改是允许的，如根据现场勘察结果做下部的结构设计。建筑造型决定了可以采用的施工方法和所用的资源，特别是机械设备的类型、规格、操作，减少脚手架的措施，进出场道路，储存和配电等。

虽然是由施工单位来决定施工方法，而且他们的选择还会变化，但是设计者应该知道他的设计方案在以下若干方面发生变动将产生的主要影响。

• 规模（Size）

规模效益适用于大型项目：利于重复和经济地使用更多的较大型的施工机械；还可以使用一些专用设备和其他的资源。大型项目也是人们关注的“焦点”——因为其重要，比其他项目优越，有助于提高日后获得别的项目的信誉。

• 平面形式（Plan Shape）

建筑业就是在直线和直角上工作的，这是为了适应业内对速度和效益的要求；除非有充足的理由，要尽可能地避免使用特殊的（非标准的）部件和非常规的平面形式。

• 周边和楼面积比（Perimeter to Floor Area Ratio）

复杂的平面现状，如空洞会降低这个比值，也会带来建筑的经济性问题，见图 5.2。除了能近似地表示建筑的经济性外，这个比值还是一个反映热损失和维修费用的指标。较小的比值说明有可能早一点完成建筑的围护结构。

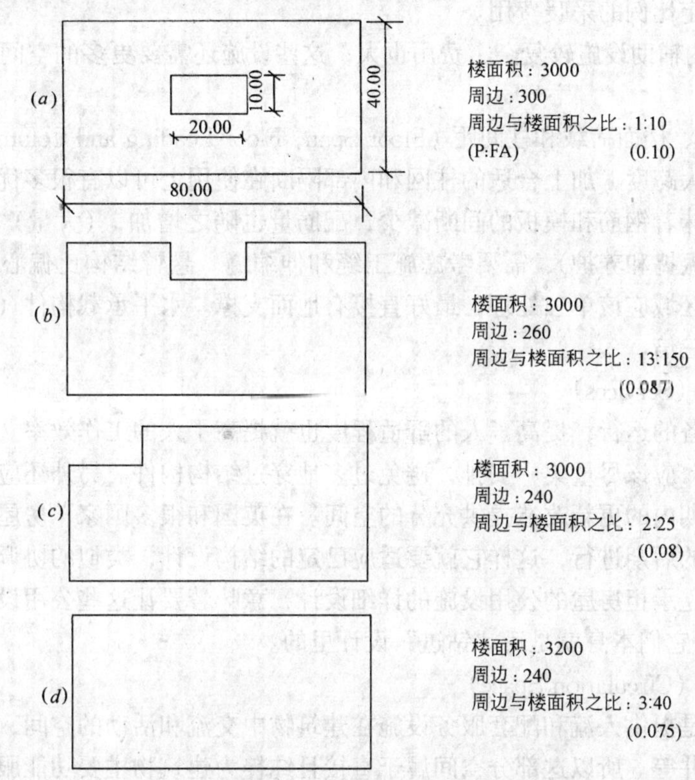

图 5.2 周边与楼面积之比

• 建筑高度（Height of Building）

高度增加会增加自重和活荷载，而且活荷载会以指数形式增加。因此基础和结构的设计要适应此类荷载的大小和形式。施工中，高度增加，就需要更多的升降操作，额外的困难也会增多，所以要采取一些预防措施（如基础可能更深）。不过建筑越高，视野也越开阔（当然是对上部来说的）。

• 层高（Storey Height）

建筑层高必须能满足建筑物的功能要求，并能适合设备的安装，以及设备的维修和更新；层高越高自然采光越好，但是这意味着（采暖、空调等的）空气体积也增大了，同时建筑的整体高度将随之增加。

建筑物的高度增加无论是因为层数增加，还是层高增加，或者两者都增加，都会产生以下效果：

- 增加层数，但结构形式（包括下部结构）不变，有可能使平方米造价降下来；但高度增加很可能要改变结构形式，反而有可能提高平方米造价。

- 垂直运输（Vertical Movements）（包括人、公用服务等）提高了复杂程度和费用，一般呈阶梯状增加。

- 需要更多的循环空间（见下面的介绍）。

- 维护费用高，运行费用也随之增加，例如外墙清洗。

- 采暖/空调（Heating/Air Conditioning）费用变化，通常屋面是最大的传热区，高度增加可以节省一定比例的采暖费用。

- 高层建筑的辅助设施较复杂，费用也大；这些设施还需要更多的空间（需要增加更多的循环空间）。

• 楼板跨度、楼面荷载和柱间距（Floor Span, Floor Loading and Column Spacing）

不间断的较大跨度，加上合适的柱网和内部隔断在使用上可以有很多优越性。在施工中，跨度增加意味着钢筋和模板的间断减少，配筋量也随之增加，（大量）浇注混凝土更加困难（特别是振捣和养护），需要考虑施工缝和伸缩缝。悬臂结构比偏心荷载更经济有效。荷载较大的区域应该单独处理，最好直接有地面支撑。水平承载构件（框架等）的造价是垂直构件的三倍。

• 公用设施（Services）

应安排好设备的运行，提高了人的舒适程度也就提高了人的工作效率。在设置垂直配管和水平布置时，应该尽量集中安排，避免过多地穿过结构构件。另外还应该为安装、维修和项目的使用期内的更新改造提供充分的空间。在英国和很多国家，房屋公用设施的设计是在设计过程的后期进行，这样它就要适应已定的结构设计，类似的协调问题（由于是由指定分包商独立承担房屋的公用设施的详细设计）意味着要让这些公用设施“钻到建筑物里边去”，因为它们本身就是后“钻进”设计里的。

• 公用空间（Circulation Space）

这部分主要是提供人流和配套服务设施在建筑物中交流和活动的空间，比如走廊、楼梯、电梯、管道井等。所以这部分空间属于直接且纯粹为建筑物主要功能服务的。循环空间的数量应该尽量少，能满足建筑物的功能即可（比如，人流能容易地在楼梯上通过）。建筑物较小，这部分空间占总面积的比率就大。不同形式和规模的建筑物对此都有一些标准，比如办公建筑循环面积最少应占总面积的15%，对于多层结构这个比例会迅速地增加。

有些建筑和其他类型的一些项目的外形要从属于功能，例如饭店应该是高大板形结构。即使是在这种情况下，设计者还可以有某些选择来调整项目的基建投资，发挥其经济效益的潜力；考虑到经济效益的原则，调整一定要有依据。

质量比较难于把握，不过总的原则是要合乎目的和美学的需要，在这方面设计人员有许多的回旋余地。

设计者必须清楚和理解质量要求，明确“功能”和“产品”两方面的标准，这样才能把项目建好（所采用的项目设施方式决定相互关系和应涉及到的人员）。质量主要包括外观、功能表现和耐久性（预期寿命和在使用期内功能的变化）。一般说高质量的建筑造价也高，但是由于延长了（预期的）寿命并体现出（更经济的）功能，从整体上看要比低质量建筑更节省。因为更换和维修（构件）的费用是十分昂贵的，要做到项目的整个寿命周期内的支出和收入平衡是难以做到的。

施工规范（Specifications）（以及其他形式的施工要求文件，如工程量表、图纸等）规定了应该达到的标准，即“最终结果”，包括某些材料的要求，如砖的类型、混凝土拌和料、空调设备等，但不是具体操作/安装的规定。（这时可以使用英美国家有关物资产品的标准和施工规范）。

为了保证对设备材料和施工安装的信心，建设单位和顾问工程师们被越来越多地要求要有质量保证（Quanlity Assurance，QA）认证，即BS5750和ISO EN9000标准。质量保证可以增强对提供所需产品和正确提供产品的信心。它是一种体系，由许多文件组成，由独立的“审核员”进行定期审核。我们下面还会谈到这个问题。但是质量保证并不保证确定合适的质量，后者属于全面质量管理（Total Quanlity Management，TQM）的范畴，质量保证只是其中的一个重要部分。

当前质量被越来越广泛地用于供应商的选择，特别是选择为项目供货的方式。当然供应的形式取决于人以及人与人之间的关系，所以全面质量管理（TQM）应该着眼于有关的人。

项目移交并投入使用的时间应该在建设要求中明确规定，至少应该在可行性报告完成时确定下来。项目的时段应按阶段划分，例如设计和施工，或将项目分期，如第一栋、第二栋等。如果项目工期很短可以采用非传统的实施安排（如设计加施工），这样可以把一些主要活动交叉进行，以节省工期。工期的限制决定采用的结构形式和施工方法，例如钢结构的安装就比现浇钢筋混凝土结构施工要快。

如果采用交叉活动方式来缩短工期，只要这种交叉没有造成施工活动（明显的）低效，节省工期的效益应该能够在费用中体现出来，因为按时间计算的管理费的开支应该按照缩短工期后的时间来计算。当然作业密度增大（单位时间内完成项目内容的价值），容易增加项目管理的复杂性，这又会要求较好的管理或更多的管理，从而增加管理费（虽然这样的时间不会很长）。

除交叉作业以外的节省项目工期的方法（不包括重新设计使用某些速度更快的施工技术）以及使用更多的人力资源（“人海战术”），这样做也能缩短施工工期。在这种情况下，由于资源使用量增加和工效降低，直接费用会增加；管理复杂了间接费用也将增加（但只是在较短的时间内）。

虽然业主通常都希望项目尽快完成，特别是商业开发项目，但有时，也可能希望项目延期完成；第三种情况则是要求按照预定的目标日期竣工（例如学校的新学年、商业中心的新年购物高峰等）。工期要求主要涉及财务问题，对商业开发项目来说可以尽早从竣工的项目上获得销售或租金收入，从而节省的财务费用要比任何设计和施工增加的基建费用大得多。（由于预算限制和基建投资的拨付）某些业主可能要求把项目的基建费分摊到若干财务结算期中。

除了费用因素以外，项目工期也会影响到质量，例如过分限制或紧缩工期很容易影响施工质量。

改变项目施工工期对造价的影响取决于直接费和间接费的平衡上。假定能够（且可以）合理正确地预测工期，而且这种“正常”的项目工期（在费用上）体现的是高效的施工，缩短工期的做法一般会引起造价的增加。

鉴于业主通过缩短项目工期产生获利的机会，许多施工合同增加了缩短项目施工工期的有关内容（在合同的附录中规定），这时业主应该向承包商支付“赶工费”。（如果这条规定没有纳入合同条款，业主和承包商应另行订立有关赶工的协议。）

费用预测（Cost Forecasting）和费用控制（Cost Control）（例如业主的费用）是估算师的两项主要工作。虽然通常大家都极为重视项目的基本建设（特别是施工）费用，现在也越来越重视别的费用例如财务费用、设计费、维修费和运行费等。全面评价各类费用和它们的效益，需要采用贴现现金流量投资评估技术，其中考虑了“货币的时间价值”。这种评估方式便于评估那些具有不同寿命周期、不同投入和产出模式的项目。运用这项技术可以检验使用增加基建开支以减少今后费用的方法是否经济（例如增加保温结构）。

预测项目费用计划中的基建费用的内容详见第7章。

设计和投标通常属于一种先验型的实践过程，例如两者都是在过去经验的基础上进行预测，但是总是希望预期能变成现实。一些“外在”因素，特别是十分精明的大机构业主（例如英国机场管理局，BAA）都在呼吁改善项目实施状况。

为了确保要求的项目功能，遵循恰当的建设要求，拿到好的设计是问题的关键，同时还要安排一个有一定权力的代表来保证通过施工实现项目。为了有效果，这种权力要有监督机制和赔偿规定（任何一方在项目的实施中出现失误就要受罚），以保证控制的实现。

第3节　项目投资评估

一、概述

投资评估（Investment Appraisal）用来支持能否进行购买、租赁、租售、出租等资本项目的决策，常常是针对建筑物或某一个重要的机械设备来做的。投资是有关财务资金的开支（即这种财务开支往往需要多个会计周期，通常是指长期投资）。在建筑施工行业里，投资评估是由业主和负责对拟建项目进行评价的顾问承担的，无论这个项目是新开工项目还是改扩建项目。施工单位利用投资评估来评价他们的资金支出情况（建筑物、设备等），考虑可以承担哪个项目（例如招投标和/或中标过程等）。项目投资评估的具体应用是确定项目所需资金总量和需求方式。

决策，包括投资评估决策，涉及多个方案的选择（如果是一个方案就无从谈起）。在投资方面，有两个基本问题应该考虑到：

- 如果有多个方案的话哪个（些）方案更为可行?
- 哪个可行方案回报率最佳?

在每种情况下，要确定需考虑哪些相关变量，通常是费用和收益方面的问题。必须确定和遵循决策标准和参数；还要搜集有关数据，对假定进行说明（以及后果验证等）。对于投资评估，主要集中在有关费用、利率、寿命周期等问题上面；税收问题也会影响（干扰）评估，所以必须认真对待税收问题的处理。

支出和收益（以货币表示）都与投资决策有关，它们都会作为决策的直接后果在今后出现，以前发生的费用和收入（包括任何今后应该得到，现在已经处理的费用和收入）都属于过去的事情，已经“沉淀”，与决策没有关联。经济学家常采用边际分析法（增值法）处理有关费用和支出问题，即在决策后引起的总的费用（所得）的变化。财务人员则习惯采用差别法，在各方案中，费用和收入相同的部分将不考虑。

如果都使用一个全部费用的财务（管理费是逐步记入工程进度费用中的），就很难分离各项费用。所以（对于管理费和利润）最好采用“分摊式”（Contribution）（例如，用收入减直接费确定分摊额）。

利率（Rate of Interest）是投资评估的一个特殊问题。利率主要由以下三个要素构成：

- 通货膨胀率（inflation）（n）；
- 风险（risk）（r）；
- 时间因素（time-preference）（t）。

这些要素或加或乘构成一个公式（多采用相乘）。这样名义利率或市场利率 i 便可以根据以下参数推导出来：

- 商业银行基础利率和趋势；
- 政府债券利率；
- 该经济环境中类似商业投资的利率；
- 股票市场指数。

短期利率较长期利率变化更快。

加法公式为：

$i=(n+r+t)$；（所有变量均为十进制）

因此，实际利率 $i=(i-n)$

乘法公式为：

$$i=[(1+n)(1+r)(1+t)]-1$$

$$\text{实际利率}=[(1+i)/(1+n)]-1$$

对于折现现金流量（Discounted Cash-flow Analysis）分析，重要的是能分离出名义利率中的通货膨胀率，而对于对比分析则要找出其中的风险因素。通货膨胀率可以利用适当的反映整个经济状况的指标来体现（如零售物价指数，Rate Prices Index－RPI），或者，在分析相关行业时，采用更专业化的指标——制造商价格指数，建筑费用价格指数，投标价格指数等。分离风险因素，则会有一定的困难，因为任何投资行为都存在一定的风险。不过，假如政府短期投资债券被认为是没有风险的话，在一个共同的通货膨胀水平和时间因素下，风险因素可以按下式考虑：

系数 β（如果 $\beta=1$ 为“风险一般”）

$$\beta=(i_e-i_f)/(i_m-i_f)$$

式中　i_e——项目的预期回报率；

i_m——市场回报率；

i_f——零风险的回报率。

项目的寿命和有关因素很难确定。这里包含不同的寿命因素，如物理寿命、经济寿命等。经过维修、改造和更新也可延长项目寿命。通常都采用预测经济寿命，但是这种寿命的长度很难预测，因为维修水平不同以及预测的不准确性等都会影响着不同设计寿命。卖方提供的数据里面包含着推销和销售等因素，容易产生倾向性、维修数据不易收集、建筑使用的反馈数据存在可信度问题，特别是技术和产品要随时间（生命期望值）产生变化，易产生多余能力。针对项目或部件寿命建立的标准多为（某种形式的）平均值，可能会产生较大的差距，所以敏感性分析（见本书后面的内容）对决策十分重要。

税收问题虽然是一个纯粹的财务问题，但是应该视为一项干扰因素，在这里，它能影响到支出和收入的时间以及水平。随着时间的推移，体系本身（有关税务的）和税率都会随之变化。评估时要区分无税赋和当时税率（以及将来的变化）的情况。

有些分析项目对费用因素的影响各不相同（例如税制、通货膨胀）。在评估和分析投资机会时考虑不同影响很重要，例如比较项目不同的寿命周期期望值考虑再投资问题等。

项目支出及其所得一般可以按下面分类：

- 现值（资本支出（所得））；
- 年度值（年度支出（所得））。

二、评估技术

（一）投资回收期法（Payback Method）

这个方法十分简单。它是计算投资所产生的累计净现金流入与初始的累计基建投入相等的时间。虽然它不属于贴现法，但其应用却十分普遍。

因为它不属于贴现法，所以局限在短期投资上使用，由于没有考虑货币的时间价值，结果就不太准确。当每次出现利率上调时，这个方法得出的时间会缩短。它还不能考虑项目在平衡点（在投资回收期以后）以后产生的现金流入，也不考虑平衡点前的现金流进流出的状况。

这种方法的好处在于简单，很容易使用在投资意向的初步筛选上。

图 5.3 为一个项目的投资回收期的计算。

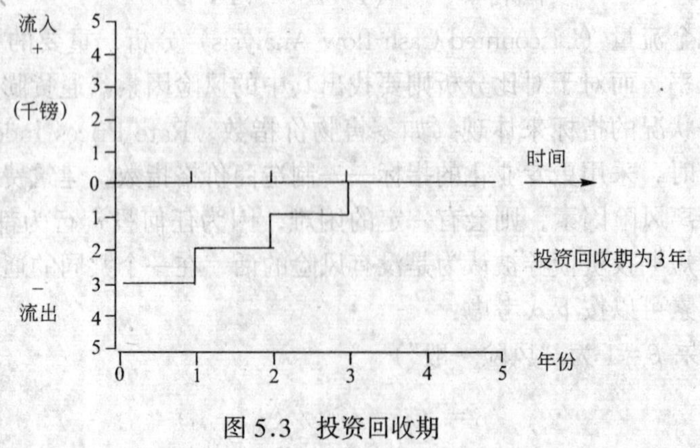

图 5.3　投资回收期

该方法也可以使用折现，例如上例的情况，折现的投资回收期分析见表5.1和图5.4。

折现投资回收期 **表5.1**

年　份	折现率10%	
	净　现　值	累　计　值
0	-3000	-3000
1	909	-2091
2	826	-1265
3	751	-514
4（年初）	-376	-890
4	683	-207
5	621	414

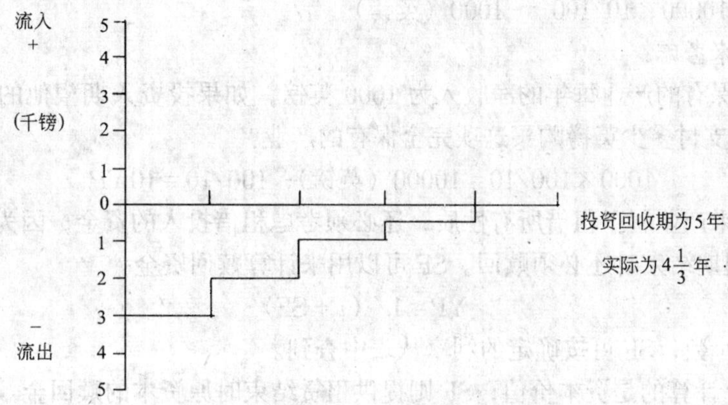

图5.4　折现投资回收期

（二）折现现金流量（Discounted Cash Flow，DCF）

折现现金流量评估的计算公式为：

1.1　英镑（复利）终值：在利率一定的情况下，按复利计算，到某个投资期末，1英镑的终值。

$A=(1+i)^n$，其中：A 为1英镑（复利）终值，i 为利率，n 为年限。假设：投资期限为3年，利率为10%，可以得出：

第一年：$A1=1.00+0.10=1.10$

第二年：$A2=1.10+0.11=1.21$

第三年：$A3=1.21+0.12=1.33$

现在套用 $A=(1+i)^n$，三年期的答案应该是：

$$A3=(1+0.10)^3=1.33$$

2.1英镑的现值（复利的倒数）：按确定的现行利率，以复利计算，在给定的年份年末得到的1英镑的现值。

如上所述，如果在当前某一个阶段的投资涉及某一复利，到期末投资人将会得到大于原值的金额。这里考虑到现值，投资人在期末得到的金额等于1英镑时的现值。因此：

$$PV = 1/A = 1/(1+i)^n$$

3. 1英镑年金终值的计算：1英镑年金终值是指在确定的利率下，按复利计算，在某一定年限内，每年（年末）投入1英镑，在年限末累计的年金终值。例如，养老金保险。

$$APA = (A-1)/i = [(1+i)^n - 1]/i$$

4. 年偿债基金 ASF = 1英镑（年度金额1英镑的倒数）：这是指在确定期末投资1英镑每年产出的金额，其中投资金额应考虑确定利率上的复利（年末的投资还应考虑）。

$$AS = i/A - 1 = i/(1+i)^n - 1$$

5. 1英镑年金的现值（复利率的倒数）：一项投资的资本价值，在确定的年限内，以确定利率得到1英镑年金的资金投入的现值（通常用于计算出租产业的收入）。

$$YP = 1/i \text{（用于长期投资）}$$

例如，一个投资人要购买一项完全保有的产业，开支10000英镑，它的产出至少为每年10%，即：$10000 \times 10/100 = 1000$（英镑）

如果反过来考虑：

一项完全保有的产业每年的净收入为1000英镑，如果投资人期望他的投资回报应达到10%，应该支付多少英镑购买这项完全保有的产业？

$$1000 \times 100/10 = 10000 \text{（英镑）；} 100/10 = 10\,YP\text{。}$$

然而，如果产业属于租借所有性质，还必须考虑租借投入的资金，因为这属于“消耗式资产”，在租期结束时还必须赎回。SF 可以用来计算赎回资金。

$$YP = 1/(i + SF)$$

其中 i 为小数，SF 可按确定的利率从表中查到。

因此，YP 计算的是资本价值；SF 则提供租赁结束时原资本的赎回金。

利率和 SF 率常会出现不同，利率值通常高一些。

注意：当 YP 等于每年1英镑的 PV 时，有：

$$\begin{aligned} YP &= APA \times PV = (A-1)/i \times 1/A \\ &= [(1+i)^n - 1]/i \times 1/(1+i)^n \\ &= [(1+i)^n - 1]/i\ (1+i)^n = 1/i\,[1 - 1/(1+i)^n] \end{aligned}$$

其中，如果是长期投资，可简化为：

$$YP = 1/i$$

6. 税收的影响：税率（RT）会影响上述各类计算值。计算时应该把利率（RI）改为有效利率（ERI）。因此：

$$ERI = ([1 - RT]/1) \times RI$$

例如，如果 RI = 5% 税率为 40%，那么：

$$ERI = [100 - 40]/100 \times 5/100 = 300/100 = 3\%$$

偿债基金则不同。它的净 SF 值十分大，例如，期末到期基金支付给投资人的资金是完税值，因为税务机构是把 SF 存款视为资本存款，需要完税后支付。这就说明 SF 在支付前应完税。例如：

投资人收入　　　　1000英镑/年（税前净值）

税率为 50%　　　　　　500 英镑

完税后收入　　　　　　500 英镑/年

赎回资本的 SF 值 =（假设）100 英镑/年

（三）内部收益率（Internal Rate of Return，IRR）

IRR 是一种折现率，即在计算一项投资现金流量（流入/流出）时，当净现值为零时的折现率。如果一个项目至少达到目标 IRR（常常由基建投资分析确定），它是可以接受的；在另一种情况下，如果所有项目的内部收益率均超过预定最小值，则应该选择有最大内部收益率（IRR）值的项目。

年 份	折现率 10%		折现率 12%		折现率 15%		折现率 16%	
	净现值	累计值	净现值	累计值	净现值	累计值	净现值	累计值
0	-3000	-3000	-3000	-3000	-3000	-3000	-3000	-3000
1	909	-2091	893	-2107	870	-2130	862	-2138
2	826	-1265	797	-1310	756	-1374	743	-1395
3	751	-514	712	-598	658	-716	641	-754
4（年初）	-376	-890	-356	-954	-329	-1045	-320	-1074
4	683	-207	636	-318	572	-473	552	-522
5	621	414	567	249	497	24	476	-46

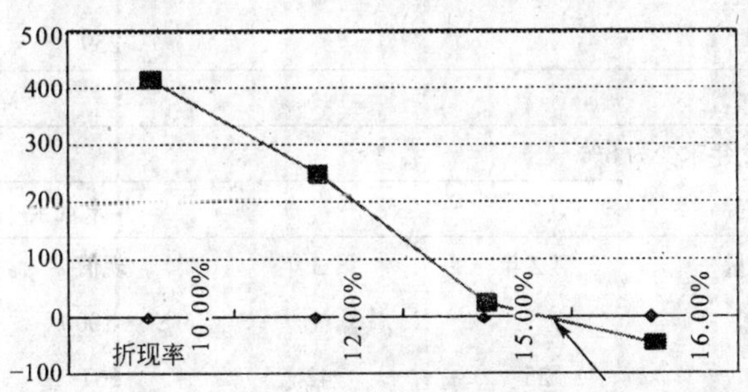

图 5.5　内部收益率的计算

（四）净现值（Nct Present Value，NPV）

当一个项目的现金流量以一个预先确定的折现率折为现值时，逐年净现金流量的算术和即为净现值（NPV）。折现率则以业主的资金成本和与当前拟投资活动类似的项目所要求的收益来确定，风险越高，利率也越高。所有的净现值为正的项目都是可以接受的；但是将选用具有最大净现值的项目（参阅图 5.6）。

- 净现值（NPV）是一种绝对值的方法，而内部收益率（IRR）则是回报率的平均值。
- 净现值（NPV）处理税收十分灵活简便。
- 净现值（NPV）用复利率技术可以处理再投资项目（见表 5.2）。
- 内部收益率（IRR）对投资人来说比较容易理解。

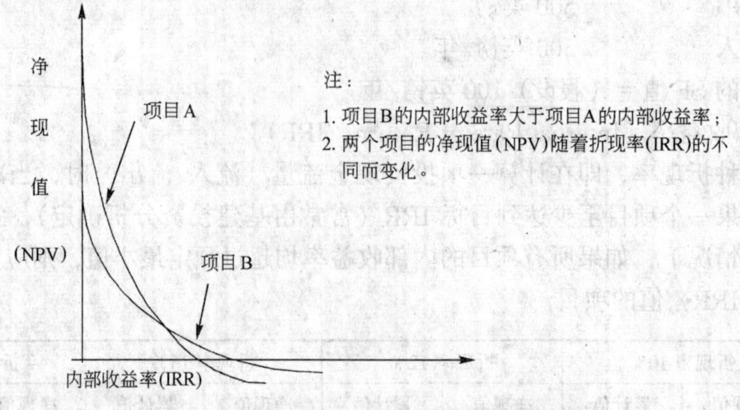

图 5.6　净现值和内部收益率的比较

利率变化时净现值的计算　　**表 5.2**

$I=5\%$

年份	再投资 现金流量	第 2 年	第 3 年	年末现金 现值	现值累计
0	-1000			-1000	-1000
1	500	25	26	476	-524
2	800		40	726	202
3	300			259	461
					净现值=461

如果初始 $I=5\%$，然后在第 2 年末变为 8%

年份	再投资 现金流量	第 2 年	第 3 年	年末现金 现值	现值累计
0	-1000			-1000	-1000
1	500	25	42	567	-443
2	800		64	864	431
3	300			300	731

（五）项目排序（Ranking Project）

项目可以根据不同标准排序，通常按选用的评估方法（技术）来确定。常见的方法有：

- 投资回收期法（有折现或无折现）。

偿还期最短的项目排在最前面。一般的要求是如果它们的偿还期小于一个规定的年限(例如，不带折现，3 年)，项目可以接受。这种方法简单，可以用于项目初选。

- 内部收益率（IRR）排序。
- 将一个最低的内部收益率设为基准。
- 特定折现率下的正净现值（NPV）排序。
- 现值收益与现值支出的比率排序——在规定的折现率下，若这个比率为正，则项目可以接受。

各种为项目排序的方法都把项目看成是相互独立的。不同的排序方法可能产生不同的序列，因为它们的假定条件不同。各种方法都不具有风险和不确定因素的分析功能，仅仅是单纯的财务的费用和收益分析。

因此在排序产生之后，决策者还应考虑以下事项：

- 决策准则；
- 非财务费用和收益的因素；
- 风险和不确定因素；
- 现金流量状况；
- 改变某些变量后（如通货膨胀率）项目的敏感性，并得出结果和排序。

图表的用处很大，它可以使决策者对各种条件下的项目一目了然。最常被选用的两种分析方法是确定使两个或多个方案出现零净现值时的折现率（即不同的内部收益率）。另一种对考察建筑物的运行费用十分有用的方法是，在确定的折现率下，考察各种投资活动在各自的寿命周期内选定的时期末尾（如5年）的净现值。该方法最适合于评估建筑物不同的采暖系统（随着燃料费用的增加，采暖系统的费用占总的运行费用的比例越来越大），无论是总的费用评估还是不同费用的对比，都很实用。一般说来，基建投资少，运行费用高，反之亦然。盈亏平衡分析能说明在一定的时期内，哪一种系统更便宜，因为经过一段时间的使用，安装费低而运行费用高的系统有可能是最不划算的。

盈亏平衡表（Breaks even charts）对分析单一项目和多项目比较十分有用。如果考虑费用和收益与使用能力之比（见图5.7），则达到盈亏平衡点的销售水平就被表示出来。然而如果费用和收益是基于项目时间绘制的（例如项目施工或者发电站），盈亏平衡的阶段就可以表示出来，见图5.7。

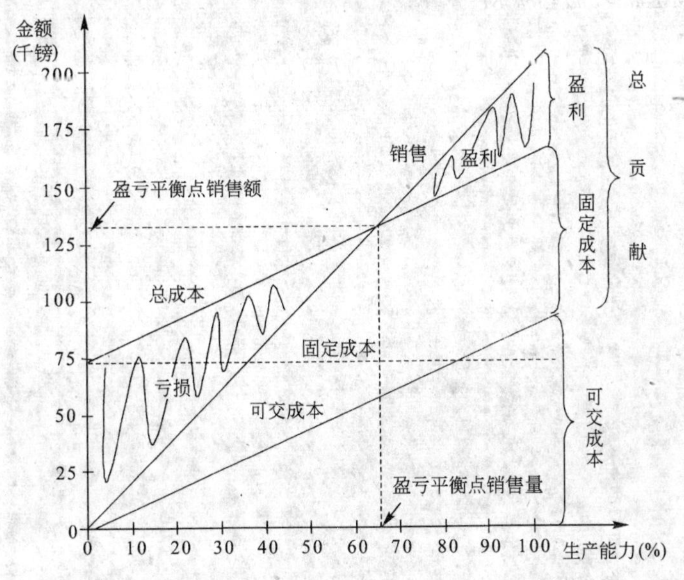

图5.7 盈亏平衡图

用盈亏平衡分析还可以得到下面的数据：

- 盈利能力比（Profit-Volume Ratio，P-V比）=总贡献/总销售收入
- 盈亏平衡点的销售收入（Break Even Sales）=固定总成本/盈利能力比

• 盈亏平衡点销售量（Break Even Capacity）＝盈亏平衡点的销售收入/销售×100%

• 安全边际（Margin of Safety）＝（实际销售收入—损益平衡点销售收入）/实际销售收入

PV 比率越高，能力利用率对利润的影响越大。

敏感性分析（Sensitivity Analysis）可以放在投资评估的最后阶段。它能检验变量变化的影响效果。因为很容易确定哪些变量对评估结果影响最大，只须考虑某些主要变量即可。交替使这些变量发生变化，评估的结果便可得知。只有当有两个投资结果在原来的分析中十分相近时，才需要把结果做较大范围的调整。

如果开始的评估结果十分容易区分（如它的值），而且每个变量对分析结果的影响有限，就没有必要做敏感性分析。如果初始结果近似，或者如果有少量变量对结果影响较大，就应该进行敏感性分析。

虽然敏感性分析常被用在投资决策上，但是在投标中也常使用它，例如评估付给直接工人的奖金变化总额对标价的影响等（通过支付时薪的结果，估计劳工的类型）。

思 考 题

评价用“投资偿还期”作为建设项目的投资评估，并解释为什么“净现值”是比较合适的评估技术。

参 考 资 料

Lera, S. (1982) At the Point of Decision, *Building*, 28 May, pp 47-48.

Pilcher R. *Principle of Construction Management*

Schuyler J.R. *Real Estate and Cons M*.

第6章　价值管理和决策

本章主要介绍了成本、价格和价值的概念以及它们的度量方法，在此基础上论述了价值管理理论以及风险与不确定性的关系，并进一步得出风险管理与决策的方法，为最优决策的得出提供了有价值的建议。

第1节　概　述

在项目中实现价值，是项目实施中被广为接受的行为准则，但是同时又很难被正确地理解，结果常常是无法实现这些价值。搞清楚项目的价值最主要的是要了解什么是价值，如何搞清楚它，进而是实现价值的可能性。人们经常认为价值和成本以及价格是紧密相连的，所以搞清其中的联系（真实的或假定的）就显得十分重要了。

理解成本、价格和价值之间的关系，有助于理解如何策划、发起、设计、建设、使用和处置项目——即涉及到项目的整个寿命周期。不同的项目参与者对标准的看法不一样，因而不同的实施要求使得情况变得更加复杂。所以理解与度量成本、价格和价值以及风险和不确定性之间的关系十分重要，关键是找出那些重要的变量以及它们的相对重要程度（项目的参与者是怎样理解它们的），并且控制这些变量，从而取得最大化的效益。

成本、价格和价值都是用于支持决策的。因此，认识如何做出决策，好的决策需要什么条件就显得十分重要；而且，认识到好的决策与决策目标定位，认识到参与者识别和决策技术的选用有关同样是重要的。

第2节　成本、价格和价值

成本（Costs）（也可译为费用）是指为得到某种商品或服务必须付出的代价；一般来说成本是按照交易发生时的货币单位来进行计量（例如，在英国1升车用柴油的成本为0.59英镑，这就是说，司机为驾车每购买1升柴油，就应该向卖主支付0.59英镑）。在经济学中，成本（费用）概念就其基本含义有些很小的差异，比如机会成本等。如果商品A处于偏好排列的顶部，机会成本则是购买者为获得商品A而必须放弃的东西，比如放弃在消费偏好排列中处于次要位置的商品B。

对于生产厂家来说，总成本可分为可变成本（Variable Cost）（它和产出呈直接且经常是线性的关系）和固定成本（Fixed Cost）（无论有没有产出，都会发生的成本）；固定成本经过一个较长的时间才会发生变化，但是可变成本在短期内就会发生变化。半可变成本（Semi - Variable Cost）则在一个中等长度的时间内变化。在极短的时间内，所有的成本都保持不变；而在一个相当长的时间内，所有的成本都会改变，连技术都会改变。

有的生产商把成本分成直接成本（Direct Cost）和间接成本（Indirect Cost）。直接成本和可变成本相似，间接成本则和固定成本相近，例如总部办公设施的租金等。现场管理费和现场经费（例如，现场用房等）应该和总部管理费（Overheads）分开（管理人员的薪金等），因为总部管理帐目和项目总成本的处理方法是有区别的。

新古典市场经济学是建立在短缺和选择两个概念基础上的。属于充分和无处不在的商品（例如空气，但潜水员和宇航员的情况除外）不存在短缺的情况，因此是免费获得的，他们不存在市场价格的问题。只有短缺（限制供应）的商品才涉及价格（消费者的成本），消费者在获得这些商品时需要有开支，这些消费者对他们的可支配收入的支出进行选择。（可支配收入是指消费者税后和应该在“最初”扣除的其他支出之后的收入，消费者可以决定使用这些剩余收入的开支或处置形式。）

所以成本表现为一种支出（费用），通常按市场交易货币计算。

在这里，我们应考虑一下什么是货币——一系列的代表一定（交换）价值的符号。货币是一种交易的媒介；现在硬币（包括某种纸币）本身已经不存在内在价值了（尽管历史上硬币是由一些贵金属制成，其本身具有价值）。货币的价值（现金、硬币和纸币，还有其他一些形式的货币，如支票、信用卡等）是由人们对商品和服务的即期可交换能力的信心所决定。（对于个人或机构，货币体现或构成一种价值的储存，财富的总和，尽管对国家来说并非如此。）

价格是“卖方”的事情，就交换而言，体现了一种交易，它是卖方为了出售或交易一项商品或服务时提出或获得的货币数量。价格的两种经济形式（市场价格和一般价格）都很重要。

我们简单地假定市场经济学里的经济理性行为是效用最大化行为，即个人谋求满意的最大化，而组织则谋求利润的最大化。市场价格就是商品或服务在市场中的暂时价格。如果市场是按地区划分的，商品或服务的市场价格可能因市场不同而不同。

尽管我们知道在实际中，市场并不完善，也就是说，不能完全满足正当竞争的要求，现实中的完善市场规则的要素就是大多数市场都要遵循正常价格，即长期均衡的价格（根据长期市场供需曲线交叉点推导出来，见图 6.1）。

在图 6.1 中，D 和 S 代表（长期）供求曲线。正常价格为 OP，在这个价格水平下 OQ 为市场上的产品供需量。需求曲线代表人们在一定价格范围内愿意且能够购买的数量；供应曲线表示在一定价格范围内卖方愿意且能够生产（且能在市场上销售）产品的数量。

对于市场总需求曲线，随着价格下降会有更多的人们愿意且能够购买该商品，这时现有消费者的消费量增加，这是一种典型形态。供方的情况则相反。

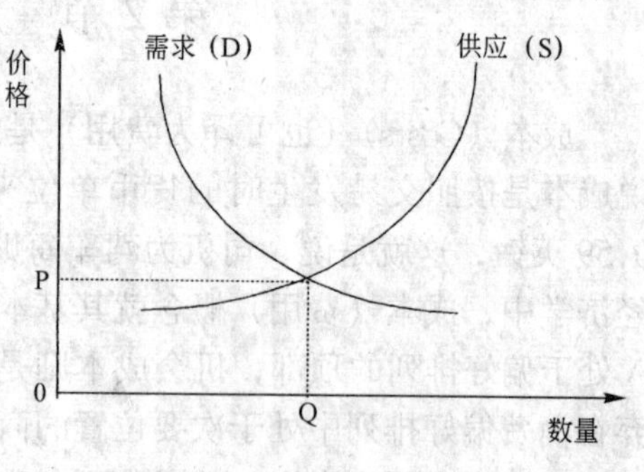

图 6.1 供求曲线

作为在市场经济中运行的私营机构，必须能够获得正常的利润，这是最起码的生存要求。正常利润就是机构根据业主或股东的投资能够获得的回报，保证机构的投资按照总成本 + 利润 = 价格的公式运行。通过模型估算，定出项目施工价格。这种模型对长期投资有效，所以不要把它用在短期投资方面，这方面的内容将在第 8 章中讨论。

由卖方确定的价格（假定这不是通过买卖双方一对一的直接谈判确定的）应该考虑到向未来买方提供商品或服务的成本（可变的和固定的）、利润和估计价值等因素。当然卖方很清楚成本结构和利润要求，会根据市场销售情况调整价格、销售数量，保证达到规定的（最大）利润水平。这种考虑和调整主要取决于市场竞争的状况，在由几个卖方控制市场的情况下，会有较少的机构参与竞争，这在建筑业中经常出现，卖方必须考虑其他参与竞争对手的态度。

价值（Value）在概念上比价格和成本更微妙、更有意义。在进行一项交易的过程中，市场价格就是卖方得到的金额和买方支付的金额；它可以视为一项物品（商品或服务）在交易过程中的交换价值。交易能否实现取决于双方（买方或卖方）给物品确定的使用价值，将他们确定的使用价值转换成什么样的货币量以及货币量之间的关系（参阅第8章）。

价值的效用理论认为，物品价值取决于它对人们（机构）的用处。更准确地说，是人们认为物品自身拥有的可用性。还有一种理论，即劳动价值论，它提出以物品生产过程中消耗的劳动时间来确定其价值。马克思根据分析资本主义生产方式发展了劳动价值原理，指出物品的价值由物品本身所含的社会平均必要劳动时间决定，即生产需要的时间等。马克思的分析认为，生产涉及的成本 C 为 c（不变成本，生产的非劳动力成本，如设备和材料）加 v（可变成本，从事生产劳动力的工资，应该认为是劳动力的生存基础）。物品的价值便是 $c+v+s$，其中 s 为从可变成本（劳工）中赚取的且被资本家占用的剩余价值。

劳动价值原理的基础是社会基本原则，即每个人都应拥有相同的资源的份额。

但是价值原理的关键问题是没有重视资源的可持续问题；个人的观点是应该用效用理论产生的使用价值原理来处理这个问题，除非这个问题在立法中已经明确（税收、配额、禁令等)。有必要从资源的可持续性方面来确定物品的价值以补充（甚至替代）货币定价理论，以减轻环境的恶化。

几乎所有的经济学体系都把商品和服务按照货币形式进行定价，基本都是按照当前市场所确定的交换价值来定价。

第3节 价 值 管 理

价值管理（Value Management）是有关确定需要什么的管理（通常按照功能等级和功能类别)，并排列、组织和控制有关过程，在一组（明确的）限制条件中提供最大可能的功能。

如果管理是“针对人而提出并实施”的，那么价值管理的最初任务就是确定哪些功能是必须的，将按（相关的）重要性排列的功能量化，找出限制条件，然后确定如何根据所需要的功能要求，确保功能的最大发挥。问题的关键在于影响行为和控制“生产”过程，即把对“价值的管理”转换成对“生产的管理”(Production Management)。

价值管理有时也称为“价值工程”（Value Engineering)，1991 年 Venkataramanan 是这样定义的：

“价值管理是一种有组织的和创造性的技术，用来分析产品、服务或体系的功能，目的是以与构成价值要求一致的最低成本获得规定功能。”

“在实际应用中，价值工程包括一系列的渐进技术，以找出不必要的成本并剔除它。

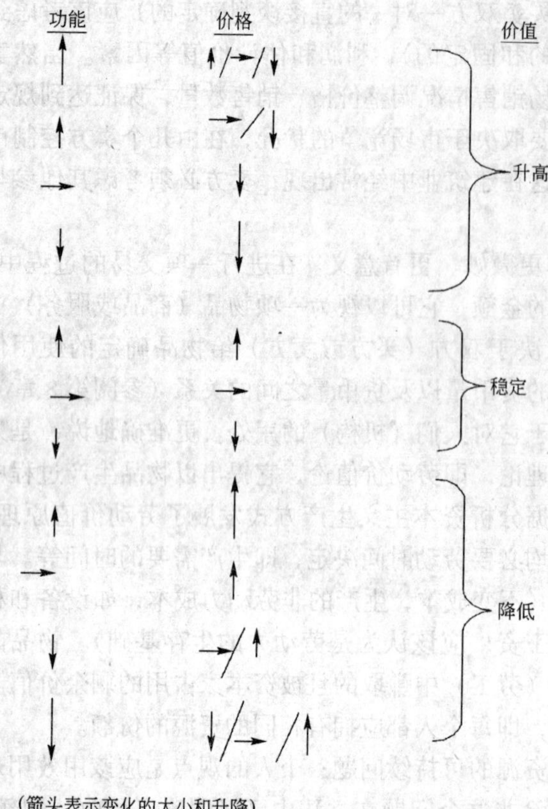

图6.2 价值功能(使用)和费用之间的变化关系

为达此目的,需要集中研究所有的功能和相关的成本。”

提高价值就是要用最小的成本产生最大化的功能特性。因此,在许多情况下就要把设计特性按照数量和类型(按照功能)与需要特性区分开来。价值的这种功能(效用)和成本上的变化结果参见图6.2。

Green 和 Popper (1990年)、Norton (1994年)都认为价值管理的研究应该有下面五个阶段:

- 了解情况(Information);
- 提出建议(Speculation);
- 评估建议(Evaluation);
- 完善建议(Development);
- 提交建议(Presentation)。

这些阶段就是“工作计划”(Job Plan),研究项目确定后,就要组成价值管理研究小组,安排“专家”,开展价值管理的工作。因为决策越早,效果越大,为了从价值管理中获得最大化的效益,应尽早地在项目的寿命周期内展开价值管理。

在了解情况阶段要求搜集与项目有关的信息资料,特别是项目参与者的目标,项目设定的目标,各种形式的(项目的功能要求)实施标准和参数,特别是总的可用资金的情况及其在时间上的分布情况,以及项目(或阶段)完成的时间等。在搜集信息时,可以采取问答形式,例如:

- 这是个什么项目?
- 要达到什么目的?
- 项目还有什么其他目标?
- 项目的成本为多少(总数、用款计划,各部分之间的成本情况等)?
- 有什么限制条件?

选定的施工现场情况(地形、进出场道路)、项目周期内的计划等资料都很重要。因为价值管理采用的是项目寿命周期的方法(这是一种一体化的观点,包括设计、施工、使用和处置等),所以收集信息也应该面向项目的整个寿命周期。

信息收集阶段的一个重要工作是对项目功能的确定和分类。这些功能可以按以下分类:

- 主要/基本(Primary/Basic);
- 次要(Secondary);

• 不需要（Unnecessary）。

一般功能的描述可以用一个动词加一个名词来表示（例如一个柱子的主要功能是“承受荷载”）。项目功能确定之后，就应该按照主要、次要、不需要来进行分类，然后就进入到创造性的提出建议阶段。

提出建议的阶段涉及到各种各样设计思路的提出，通常是通过“发挥灵感”来提出。关键是对建议暂时 不要作评论，因为过早的评论会限制新颖的思路的出现。不要管这些想法是多么地异想天开，在评估时，新颖的点子会很有用处，许多重大的进步都是由偶然因素引起的。在建议提出阶段，专家小组要由多个专业的专家组成，特别要吸收建筑行业以外的专家，这样可以避免将人的思路禁锢在传统的框框里面。

如果所有能想到的建议都提了出来，接下来就是建议评估阶段。应针对项目的寿命周期内的功能和费用对设计方案进行分析。还要针对其他的项目限制条件，如工期。在这个分析过程中，要对提出的建议进行修改、合并、分解和补充等，以完善原来的建议，从而得到可行的方案——方案应该是在限制条件下通过改善功能来达到的。值得注意的是，如果功能提高很多，但同时费用也有所增加，那么这种增加是值得的。

在功能性方案分析及费用分析完成，并剔除那些不符合限制条件的方案之后，就要对可行的方案进行评估。评估的目的在于提出一个基于使用功能和费用上的各种方案的排序。为了得到这个排序，决策人员应对各种标准进行权衡，以确保项目的连贯性（见本章“决策”一节）。

完善建议阶段就是对排在前面的方案作进一步的工作以得到详细的实施方案。如有几个方案很接近，则要对它们进行敏感性分析。为避免浪费，不应做过多的方案——若在排序中有一个方案明显优于其他的方案，就确定这个最优的方案。随着该方案的完善，要在考虑相关的问题和因素的基础上（见第 5 章）对它的寿命周期费用作进一步的估算。在这一阶段，要考察最终的方案是否与项目的要求一致；如果有多个方案，要将注意力放在其中较好的方案上。

最后一个阶段是向业主进行说明和推荐的阶段，帮助业主做出最佳选择。应根据事实进行明确的说明和解释。这个阶段的成果就是做出肯定的决定，让所有参与者明确这是最佳的方案。

方案是要付诸实施的——进行最后的设计和施工。对此过程进行监控是有益的，这样才能使价值管理阶段所作的假设得到验证和修改，以便于将来的研究；而且，此时还可以对方案作改进以提高项目的价值。

实施结束后，还应该对项目检查——即利用价值分析来检验所达到的功能，投入的费用与建设要求的一致性。一致和不一致的地方，尤其是后者，要找出原因，并给予特别的注意——这也许就是实施条件和假设条件的不一致之处。

在任何价值管理研究的过程中，应该把那些不需要的功能和成本内容剔除掉。因为这些没用的功能常常会产生不必要的成本。筛选和修改主次要功能也可以避免不必要的成本发生，方法也是减少和剔除那些没用的功能。（例如，质量好、效益高的项目投资也会高；耗资高的设备在运行中产生较少的多余的热能，因而需要较少的散热部件和由其引起的费用，减少保养次数和在工作寿命周期间减少修理次数。）

Kelly 和 Male（1993 年）介绍了在北美（美国）被广泛使用的四种价值管理方法：

- Charette 法；
- 40 小时研究法（40-hour Study）；
- 价值工程审查法（Value Engineering）；
- 承包商改进建议法（Contractor’s Change Proposal）。

Charette 法是指一种会议形式，召集人为价值经理（价值工程师），出席人员有设计人员、负责项目建设要求的业主代表等。建设要求阶段完成后，应该立即召开这种会议，目的是用功能分析的方法分析关键部分和空间，使建设要求更加合理。召开这种会议有五大好处：

- 开支小；
- 保证设计组的全体人员（和业主）能充分了解情况；
- 因为它在项目的早期进行，对价格的影响较大；
- 实施期限短，仅用一二个工作日即可；
- 这是一个综合性的分析，跨越政治、专业和组织的界限。

40 小时研究是在初步（方案）设计阶段进行的。参加人员均为专业的设计人员，但要和项目完全独立，由价值经理领导。这是一种最常见的价值管理研究模式，包括前面所讲的 5 个阶段。在进行了 40 小时研究后的一周内，应该形成一份报告送交业主、设计建筑师，搜集反馈信息，确定实施方案。

价值工程审查法（Value Engineering Audit）是由价值管理小组承担，保证项目获得较好的“资金价值”（即单位资金支出下的高效能）。

承包商改进建议法着眼于鼓励成包商提出能降低项目成本的设计改进建议，以提高项目的可施工性。这种承包商可以得到部分节余资金的做法会带来一些问题，业主应认真研究每一个建议，保证从项目的长远发展来看，每一笔投入都要物有所值。

第4节　风　险　管　理

风险管理（Risk Management）是和随机事件相连的，它研究的是事件发生的概率——事件要么具备量化的变化特征（甚至是已知的）或概率，此类事件被称为风险；要么只是一种主观臆测的概率，这类事件叫不确定性（Uncertainties）。

一般风险和不确定性只与负面的（不需要的/不可得的）后果有关；这其实是一种偏见——在美国被称为“下向风险”（Downside Risk）。风险和不确定的事件受可能的变量发生的分布影响，这种分布有可能比一般情况要好，也可能坏。这个观点与期望值和方差类似——正常值和变化幅度。

Blockley（1992）说“危险”是失败的渐进的前奏。他研究的重点是结构安全；他认为安全就是不存在不可接受的风险。显然，这种说法着重于风险和不确定性的负面影响上了。不过大部分是将风险和不确定性转变为“风险管理”的其他方面（如财务管理）。一般认为风险的着重点在于一个危险事件的后果和机会，所以危险事件发生于现在而风险则发生在将来。因此，无论是安全性还是风险（不确定性）都是不可以直接管理的；而只能通过直接管理危险来实现对它们的间接管理。

危险是关于失败（概率上的）的一种倾向。单个危险会影响且引发其他危险发生，所以它是可以累积的。单个较小的危险可能累积发展成较大的风险/失败。

说明：

Richard Fellows 博士与人合著了一篇关于风险管理的论文，我们把它转载到本书的附录 1 中。读者可以在附录 1 中了解英国特许营造师学会（CIOB）1996 年建筑论文第 65 号关于“风险管理”的内容，从而进一步了解风险管理。本摘录得到 CIOB 的许可，在此表示感谢。

第 5 节　决　　策

决策是管理的核心，公认的观点是决策越正确，个人或组织越有可能成功。一般来讲，决策做得越好，实际情况就越接近预测的结果。当然在实践中，这种结果也可能是侥幸，而不是正确的预见。

决策主要依赖于预测，因为它主要是针对未来的。过去的事件已经发生了（它们已经“固化”，就和“沉淀成本”一样），现在完全是一种短暂、瞬间的产物，很快就会变成过去。预测的根据是数据，通常用统计方法以及概率，对未来进行推断。好的预测应该是有效的，公正的，误差最小的，而且要前后一致。这些是随机预测的原则，随机预测是利用概率论从数据中得到预测结果。若概率论的适用性发生变化，使得实际情况偏离了预测结果，尽管预测的有效性依然存在，但已经没有多少使用价值。

判断预测和决策的基础是不一样的。决策是实际的管理活动，其价值在于结果的精确性即预想的和现实的一致性。理论上挺不错的预测对组织并不一定有什么用处！所以，好的决策还要有另外的东西，如对那些能影响结果的变量的预测。这后一部分可能很不好解释，它大多来自于经验丰富的经理们的“直觉”，但是就我们目前的认知能力来看是非科学的。

在条件一样的情况下，如没有波动（实际上，各种情况既不相同，又不稳定，波动肯定存在，概率条件也要变化），好的预测会带来好的决策，进而，好的决策为组织带来更大的成功。这样的成就要求决策者内心十分清楚现实标准和局限性，而且要力争使决策最大限度地接近于这些标准。因此就得找出这些标准，并将它们按相对的重要性进行排列，明白无误地提供给决策者。像这样的情况现实中很少出现，往往是决策者（被迫）作出一些假设的原则标准，尽管这些假设是合理的，是从过去的经验中得到的，而且只适合于大多数的情形，但具体到某一个案例来说，也许并不适用。“十年辛苦，毁于一旦”。在一定意义上来看，假若不知道要求的实施标准，那么好的实施或成功，就不是靠人而只能是靠天了。

在施工中，决策标准应同组织的和项目的标准统一起来。即使不能完全一致，但起码要相互兼容，其中的不一致要靠相互弥补来解决（Simon 1960）。不过，这些标准都很难表述清楚，由决策者讲出的假设常常被用来勾画要遵循的标准，而且经常不以文字的形式出现（或不在项目的参与者之间讲述、沟通）。

通常将项目的实施标准划分为费用、工期和质量。这样对实施标准的描述虽然不错，但仍然找不出需要哪些充分而精确的指标来帮助进行分析和评估，进而得出真正而富有意义的决策。这三个方面的标准仅仅提供了一个方向，而且只是在将它们按相对重要性排列之后。

正如在上一节风险管理中论述的那样，决策者的个性，即他在现实的条件下，规避风险的程度，起着决定性的作用。这种意愿越强，决策者意识中避免损失（负面的/不希望的结果）而不是获得收益的倾向就越明显。因此，像这样的决策者会很重视一个分析显示只有很小亏损（即使是很小的亏损）概率的项目，尽管分析还显示该项目的盈利的概率很大，但他仍然会放弃这个项目。

对大多数的项目来讲，在各自的寿命周期内的可能发生的众多的随机事件将给它们带来不同的回报。应用一般的预测技术，有可能得到在各种可能的事件下项目产生的预期回报。各种事件发生的概率的总和为1，假设财务回报率是唯一的决策标准，要计算出该项目在每一个事件下的净财务回报（如净现值），每一回报的值与对应的事件发生的概率相乘，之后，将每一个事件下这样的乘积相加，就得出该项目的预期回报（Expected Return）(即数学期望)，见表6.1。

预　期　回　报　　　　**表6.1**

	在项目寿命周期内影响项目净回报的事件或事件集合				
	a	b	c	d	总计
事件的概率	0.3	0.2	0.4	0.1	1.0
如果事件发生时的净回报 $	1000	2000	800	300	
净回报乘概率	300	400	320	30	1050

项目的预期回报为1050元。

（若在相同条件下，执行不同的项目方案，这些项目相互独立，而且发生的概率是一样的，则项目的预期回报就是各个方案所带来的回报的平均值。）

有四个决策原则（也称标准）来指导对结果的分析，并筛选出最合适的结果。

这四项原则是：

- 最大回报（Maximum Return）；
- 最大最小回报（Maximin Return）；
- 最小最大成本（Minimax Cost）；
- 最小最大遗憾（Minimax Regret）。

最大回报是最积极（最优）的方式，应该选择可以产生最大净回报（使用/利益，通常都视为利润）的项目。如果有几个项目都有净回报，可以把他们按利润率进行排列，选出利润最好的项目，再考虑可用资源情况（项目上的使用情况，例如可用资金的情况等），或者接受所有能获得净回报的项目。如果能用折现技术来计算回报的话，（假定用净现值的方式），则应该采用确定的折现率（这就是项目评估和选择中的"净现值原则"的应用）。如果使用回报率（%）来表示，就应选择那些至少能挣得规定回报率的项目。

最大最小回报是一个较次乐观的原则，因为这种评估关心的是诸多项目能产生的最低回报，它回答的是"即使在最坏的情况下，项目最低的产出是多少？"参见表6.2。

最 大 最 小 回 报　　　　**表6.2**

	事	件		
项目	a	b	c	最小行值
A	1000	800	600	600
B	900	850	500	500
C	1100	500	700	500

这个（项目与事件的）矩阵中的单元是项目产生的可能的回报。

根据最大最小回报原则项目A的最小回报（600元）在三个项目中最高。

（项目B和C的最低回报均为500元。因此应选择项目A）

最小最大成本是一种“悲观的”决策原则，它的重点是成本而不是回报，对考虑项目融资情况较有用。因为这种决策原则不考虑项目（净的或总的）回报，适用范围有限，如果能和其他考虑回报情况的分析方法同时使用效果较好。最小最大成本见表 6.3。

最小最大成本 **表 6.3**

项目	事件 a	事件 b	事件 c	最大行值
A	600	550	500	600
B	550	550	450	550
C	800	400	800	800

矩阵中各单元均为预期成本。

其中最大成本的最小值为 550，这表明项目 B 应该采纳。

最小最大遗憾是一种悲观决策原则，采用的仍是“假设”法。一个结果的遗憾，是指这个结果的回报或成本（矩阵中的元素）与同类结果中最好的方案的回报（在同一个标准下）之间的差异。见表 6.4。

最小最大遗憾 **表 6.4**

	事件（净回报）			
项目	a	b	c	
A	1000	800	600	
B	900	850	500	
C	1100	500	700	
	事件（丧失的金额）			
项目	a	b	c	最大行值
A	100	50	100	100
B	200	0	200	200
C	0	350	0	350

注：

在 a 列中，项目 A 的遗憾为（1100—1000），项目 B 的遗憾为（1100—900）。

单项遗憾为最大遗憾，事件（列）的最佳结果测算为 C。

根据最小最大遗憾原则，应该选择项目 A。

决策原则不同也影响着项目的选择。必须明确每种决策原则的实际意义，并采用适用的原则或综合几种原则。从得出的主要结果中能得到什么（部分）取决于项目的性质、环境和参与者的情况。

附录 2 利用一个投标实例的决策树（Decision Trees）来描述决策分析技术的应用，同时还实际使用了多属性实用分析和敏感性分析。

多属性实用理论（Multi-Attribute Utility Theory，MAUT）的应用十分广泛，尽管使用实用方法时出现一些众所周知的问题（主要是人们对自己的评价不十分一致，像决策原则、原则的权数、对照标准结果打的分数等）。

MAUT 要求决策者先定出标准、标准的权数，然后逐个对照这些标准，给结果打分。

这个方法被认为是既有一定的难度，又与平常人们的考虑和评估结果的方式不同，因而它很可能得不出很好的结论。人们普遍认为是以综合的方式进行决策和判断的——他们对各种结果做出十分主观的评价之后，决定选用哪个结果（做出什么决策，如实施哪个项目）。为了解决这个问题，基于“综合判断”的思路，人们开发了联合技术分析（主要应用于美国的市场营销分析中）。联合技术分析首先用理论、文献，乃至实地调查，针对要做的决策（如人们的住房喜好）建立起一套标准，并从决策者（即潜在使用者）那里采集信息(对不同房子的喜好的意见)。接着将这些意见输入计算机，计算机根据定下来的标准和决策者的喜好，决定每个标准的权数——“部分值”。就这样，联合技术分析模拟人们的决策过程，提供优选信息和标准的相对重要性，最终累计得出人们的选择（MAUT 的方向正相反）。

选择分析决策方案的技术，以有利于做出好的决策，实际上受时间、资料、技术和可用资金的限制。无论干什么，都要事先确立目标/标准和参数/范围，从而使决策者知道自己要干什么，知道决策并非纯粹是随机的，也不是建立在假设条件之上的。

总之，决策牵涉到一系列的内在统一的程序，它们在当前的客观条件和项目的要求下，对风险进行评估，以保证决策者或其委托人的资金价值得以实现。

参 考 题

1. 解释“成本”、“价格”和“价值”，论述它们之间的关系。
2. 评价这样的论述“价值管理就是找出不必要的成本”。
3. 试区分“风险”和“不确定性”，论述风险管理的主要内容。
4. 说明如何确定决策标准，这些标准如何影响施工项目的决策。

参 考 资 料

1. Blockley, D. I. (1992) Engineering from Reflective Practice, *Research in Engineering Design*, No4, pp 13-32
2. Fellows, R. F. (1996), *The Management of Risks*, Construction Paper No65, Charted Institute of Building.
3. Green, S. D. and Popper, P. (1990), *Value Engineering: The Search for Unnecessary Cost*, Occasional Paper No39, Ascot, Charted Institute of Building
4. Kelly, J. and Male, S. (1993) *Value Management in Design and Construction: the economic management of projects*, London E & FN Spon.
5. Norton, B. R. (1994), *Value Management Techniques in Construction*, CIOB Directory 1994/5, Ascot, Charted Institute of Building, pp 120-125
6. Simon, H. A. (1960), *The New Science of Management Decision*, Harper and Row
7. Venkataramanan, S. S. (1991), *V. E.* Basics in a Nutshell (3rd Edn), New Delhi, Venconvave PVT (Ltd.)

第 7 章　价格预测和费用计划

本章阐述了价格预测在整个设计阶段的作用、价格预测的目标、数据库在预测中的作用，以及几种重要的价格预测方法，最后论述了费用计划对价格预测的影响及其实施过程。

第 1 节　概　　述

在一个建设项目的整个设计阶段，业主最关心的总是它的成本。通常，业主要考虑三种费用，即为获取项目需投入的基建投资（项目成本），项目投入使用后的运行/操作费用和拥有/占用费用。在大多数的情况下，对基建投资的考虑是主要的，而且有可能根本不考虑其他两方面的费用。然而，自 1973 年以来，随着能源危机对多数国家严重的周期性影响，人们越来越关注项目的占用费用和经营费用（如用于暖/通方面的“燃料”）。

在项目早期，除了施工费用外，其他大量的基建费用也都必须予以审查，这些基建费用可被划分为：土地费，顾问费（设计师）和法律费用，代理费以及开办费用。审查这些费用的真实性和有效性的一个有效途径是对开发商的预算进行审查。

下面是一个典型的开发商预算：

项目			
项目开发完成后的预期售价（GDV）[1]（千英镑）			32 500
减去：			
预计施工费用[2]	8 000		
设计顾问费[3]	1 200		9 200
代理费[4] 及法律费[5]		975	
工程施工的财务费用[6]		1 805	
开发商的利润[7]		4 875	
		16 855	
		15 645	
购置土地的财务费用[8]		4 415	

---

[1] GDV 为开发总值。该值可以通过预测出售完工建筑的售价而得到，而其售价则可以通过市场评估获得，也可以按该类型建筑物的适当的收益率，以“永久年金（Y.P）”的方法，将每年净收入资本化来得到。

预测的净收入	23 500 000
7%的永久 Y.P 值	14.3
（约 32 500 000 英镑）	32 890 000

[2] 16 000m²，大约 £500/m²。

[3] 按施工费的 15%计。

[4] 大约是 GDV 的 3%。

[5] 大约是 GDV 的 3%。

[6] 9 200 000/2 按两年（施工期）18%计。

[7] 15% G.D.V（开发商所获利润）。

[8] 18%，如 2 年 £11 250，000 在 £11 250 000 基础上计算的 2 年利息。

土地的最高竞标价为[1]	11 230
	约为，11 250 000

因此，购置土地（现场）最高出价为 11 250 000。

审查——通过成本预测

	（千英镑）
施工	8 000
设计费	1 200
代理、法律费用	975
施工费的财务费	1 805
购买土地财务费	4.415
土地购买价格（最大值）	11 250
	£27 645

年净（现值）收入£2 300 000 是预测开发成本£27 645 000 的 8.3%。这一回报率应当依据该开发类型的通常回报和出现的可供选择的开发机会而进行判断。

显然，各种费用都是与施工费用直接联系的，特别是设计费用，（英国和香港的）专业学会已经公布了推荐使用的适用于设计的计费标准。该费用因工程类型而异（越复杂的工程类型收费越高），但计费标准均是以施工费用的百分比表示的，该百分比随着施工费用的增加而降低（通常以指数的形式）。不过，近年来，越来越多的设计工作是通过竞标而不是使用费率方法委托给设计单位的，这种方式会带来一些问题，如应怎样确定哪个设计单位提供的并据以投标的方案最符合业主的特定要求。

开发商们（指那些购买土地建设项目，通常是房屋，期待售出完工的项目后获得利润的人）是在市场经济条件下建筑业中最显著的资本家参与群体。他们经营的目标很清楚，即资本的积累、增长和利润的最大化。与其他的承建商（被认为）从费用预测中决定价格的方式不同，投机开发商一开始就从整个开发过程的价格预测入手，计算出项目各要素所需支付的费用，以期获得适当的利润。

进而言之，开发商的预算表明了这就是该项目所需的价格，该价格决定了项目建设地点的土地价格。因此，土地用途的分类（农业的、工业的、房屋建筑等），利润最高的用途是在指定的用途分类之中“最高的和最好的用途”，它决定了该类土地的市场价格；不太获利的用途必须与土地单价相匹配，并且能够购买一块场地（如果这样做的话，可获得低一些的总体利润）；其他可供选择的作法是占据较便宜的土地，并以“最高的和最好的”方式利用它。因此，以高一些的单价对某一等级的土地的利用，可以使其朝高等级土地的方向发展。

高效率地建设项目应当是价格（合同金额）较少的，而且在对它们的进住和使用中有较高成效和效率的项目会在市场上得到较高的价格或租金。因此，设计人员在满足项目的成效和效率两方面起着至关重要的作用——就像在第 5 章中讨论的那样。与成本、价格和价值有关的设计人员的任务主要是确保业主在目前的条件下（尤其是可得到的资金），花费与所得达到最佳平衡。对于这些设计人员来说，不要限制他们的创造性和寻求满足项目

[1] 最高报价，圆整到 250 000。

要求（还应该协助确定项目要求）的自由，但是，要确保项目在目标成本（和价值）内完成。

近年来，考虑较多，并且越来越重要的是建设和运行项目所带来的环境后果，包括不可替代资源的消耗以及直接和间接的污染，即就资源输入和输出的持续力而言的项目可持续发展的能力。

然而，因成本（经常）比价值（更有形）更易量化，费用控制变得越来越占主导地位而且集中在基建费用上。工料测量师正逐渐被看作是“费用警察”（Cost Police），而不是“价值保证人”（Value Ensurer）了。

第2节 价格预测的目标

预测工程价格（Forecasting Project Price）（估算、概算）的主要目标是确定项目的可行性。要使项目评估有用处，那么用于评估的预测就应该比较精确，也就是说，最终的实际情况要与预测比较接近。根据项目形式和具体情况（如医院、旅馆、政府办公大楼、商用写字楼）的不同，考虑财务问题的侧重点也是不同的。

不同形式的项目设计费是以施工合同总额为基础的（一个百分比），施工项目的价格预测的主要方面是：

- 标价（Tender Sums）；
- 项目最终金额（Project Final Accounts）。

然而，仅仅将注意力集中在基建投资上是不行的，这样做忽略了许多极其重要的信息和改进控制的机会。

所有的评估和控制行为，若要产生有用的效果，必须在一开始就确定目标以及应该用到要素和参数。尽管业主的要求肯定起着决定性的作用，但施工项目的多重参与性（参与者不同的权力和影响）却意味着是由参与者各方影响着最终的工程。由于这些参与者的施工技术和项目的技术要求（如美学的、结构稳定性）及他们在项目组织内部的各自权力才使项目得以建成。虽然各参与者应当努力使业主的目标最大程度地满足，但这些（业主的）目标的建立和表述却可以被左右，而且的确是在被左右着。

对那些涉及到财务支出和价格方面的建设项目，必须确定和寻求业主所关注的基建支出和运行费用目标。运行费用（像清洗费、供热/空调费、维修费用）是每年发生的费用，从总现金流量中支付；它们是企业经营成本的组成部分，是计算企业应税额之前允许的支出。对于所得税来讲，它们是免课税的支出。基建支出是投资，通常是对重大资产的投资，发生的机会很少，一般是对楼房、工厂和机械设备等跨年度的投资，并且是在几年内免税的。这样，基建支出和营业费用的平衡就容易受到税收政策和当前的预计的缴税税率及贴补率的影响。

许多自由市场经济学家提出，税收、税收优惠和补贴不能反映现实，从投资者和商业的观点来看，税收政策所造成的财政影响与其他各项支出一样是实在的和重要的。

一般地，对固定资产的投资（资本支出/耗费），如对房屋、工厂等的投资，可在当年应纳税金的基础上获得一笔初期的（投资）补贴；剩余的支出差额以某种形式（如在一定的年限内，每年免缴一定比例的税金；如初期补贴为50%，然后每年按5%的初期补贴提取，直到10年后资产被提取完，即50%+5%×10从应纳税额中扣除。然而，在大多数税收体系里，缴税是在应纳税金额产生后大约一年后进行的，那么初期补贴发生在支出后一年，因此应对当前的现金流量和折现评估的情况给予考虑。

政府部门能够大范围地和迅速地调整税收政策和税率，因而最好是既采取考虑税制的方法，又采取忽略税收的方法。更慎重的作法是采用敏感性分析来检验因潜在的税制的改变对项目的可行性带来的影响，并注意设计的变化能够改变基建投资和营业支出的配置，从而改变税收的影响。(计算机软件对进行项目敏感性分析非常有用)。

因此建设要求的形成不一定很完整（例如见 Mackinder 和 Marvin 1982)，业主的目标就可能不十分清楚和合适。因而，设计人员必须从许多可供选择的方案中假定出业主可能喜欢或倾向的要求。至于项目的总投资，一般认为业主对投资估算的数据（通常只基于很少的，最不准确的资料）记得最清楚，并据此展开工作。而且他们喜欢实际的（最终）的成本有所节余而不是超支；然而这个实际的（最终的）造价却被用来做为最初的合同总价。因此，实践中多趋向于向业主提出较为保守的投资估算；这个问题产生于这样一个惯例，即向业主提出单一的投资估算（这意味着没有实际的“准确度”）而不是几个将变动因素量化的投资估算，而这几个投资估算会有助于稍后的设计阶段的决策。

尽管从单纯的项目基建投资角度来看，业主可能会喜欢低价格和价格减让（标价低于估算)，但是他们应考虑投入比需要更多的流动资产所带来的后果。所有融资都会有成本——贷款的利息，机构财务资金的（边际）成本或当考虑用于其他投资方式（如用于建设项目的流动资金或其他投资）时的机会成本（也就是一种资金潜在获利的损失)，因此，节省建设项目的开支就有可能是一种代价，即对项目的使用提供流动资金的利息损失。为了维持“专业的信誉”，一旦接受了可能的项目基建总额，它就会成为一条“自我实现的预言”。为掩盖项目中出现的不精确问题，(设计人员）会揉进一些昂贵的设计部分（或变更)，从而使预计有较高的投资的项目显得具有很高的（估算）准确度。

通过设计，价格预测的目标就是预测出可接受的标价，即初期合同总额。在提交的标书中，标价总额多少取决于招标的安排和评估系统；有些人提出接受倒数第二低的标，另一些人则认为应接受平均的/中等的标，但最常用的仍是接受报价最低的标。

然而，支付给承包商的是最终的合同总价（最终结算价)。无论施工阶段怎样变化，它应当是预测的最终总额。

还要考虑现金流量。总的来讲，一个项目的可接受的现金流量状况将（统计地）落在适合该项目类型的现金流量S曲线范围内。通常对业主来讲付款推后得越迟越有利，对承包商来说，则希望业主提早支付款项。

因此，项目的财务评价，无论在哪个阶段都应当考虑总价和现金流量的状况；这种评价不可避免地受业主的财务状况制约，总共的可用资金的数目以及该资金可获得的时机，仍然是总额的状况。

特别是当项目的价格要通过谈判、成本加费用等合同形式来决定时，就更要考虑合同总额和现金流量的状况以保证预测的足够精确性。

在项目实施方式（第3章）中，我们已注意到，承包商对项目（无论是十分传统的方式还是BOT）的融资，存在着多种方式并日益受到重视。在传统的实施方式下，如果是承包商项目融资，融资的负担和费用将由承包商而非业主来承担——这对业主来说很轻松

(但对承包商则不轻松)，不过最终业主将支付给承包商更多的资金。

对于BOT类型的工程项目，必须预测出转让期内的生产成本和收入，并加上转让期结束后交还给业主的相关工程的成本和收入。在转让期内的净收益全部归建设者（受让承包商）并且必须足以偿还建设投资、施工利润和经营该工程的利润。显然，对这样复杂的、长期的、并且经常是高度政策化的预测，需要十分谨慎的，牵扯到风险分析、敏感性分析并包括高风险的净收入保险费在内。

我们所讨论的大部分的预测不能以它们的精确性来严格地评估，要考虑它们的可变性。(精确性可依据现在预测的项目最终实现的精确程度判断，例如，检验承包商对一个施工项目预测的精确性可以在施工阶段中监控实施该项目的费用支出时进行)。

在做预测检验时，要遵循以下原则：

- 无偏差（Unbiased）
- 高效率（Efficient）
- 一致性（Consistent）
- 误差最小（Minimum Error）

无偏差是指在预测中，误差的出现是随机的；过低的预测和过高的预测的出现机率是相同的。一般地，较大的样本/数据比起较小的样本/数据，出现偏差的机率更低。在无偏差预测中，预测的期望值与实际的期望值相等。效率高指方差最小（方差是一个衡量变化性的指标)，最有效的预测指各个方案中方差最小的预测。一致性是指样本范围越大，预测的价格就越接近实际的价值。误差最小——通常是以平均平方误差测量——要求预测越接近实际越好。因此，带有某些偏见但方差很小的预测（因此种预测更贴近现实）要比没有偏见但含有更多变量的预测要好。错误最少已成为评价预测效果的首要标准。

第3节　数　据　库

数据库（Data Bases）为预测（包括施工费用和价格）提供了主要的资料。数据库(DB）的种类繁杂，几乎在每一方面都有很大的可变性。尽管我们通常认为数据库（作为它们最普遍的形式）是数字的表格，许多数据库却是以其他形式——曲线、图表等方式出现的。从数字表格中获取的数据比从曲线图中获取的数据更为精确。

要设计一个数据库，首要考虑的是目的——利用和处理数据产生何种信息？支持什么样的决定？第二，必须注意什么数据是能够得到的；然后还要考虑一系列实际的问题，即如何搜集数据，数据收集的成本，规范要求，数据库的形式，更新的频率等。

由于数据库各不相同，所以要了解每一个数据库的基本特征，以便选择最合适的数据库。不能对数据做假设，要通过调查研究来确定数据；任何有用的，可信赖的数据库都会对其数据提供详细的资料。若缺乏合适的数据库，则有必要建立一个，但这将是一项长期的、艰难的、耗资巨大的工作。

在数据库标题中使用的名词可能会混淆（因为程序中也可以使用)。施工费用信息服务机构（BCIS)（在英国由皇家特许测量师学会开办的）创建了一个主要的数据库（大部分是3个月更新一次)，该数据库是以分析中标价的形式提供的业主支出。BCIS创建了一个招标指数，一套施工费用指数（反映的是主要承包商的成本）和种种价格/费用的研究。

两个主要的分析是中标投标书的单价分析和按建筑类型分类的每平米造价的数据（非常详尽)。这依靠的是成员（大部分是工料测量师）提供的数据，经常使用非常小和各种不太可靠的样本。许多其他的组织机构，尤其是主要的工料测量师公司和类似的机构建立的数据库要比BCIC有限得多（施工费用，标价和每平米价格的指标），只有与自己业务相关的数据库。

许多大的承包商都有自己内部的施工成本的数据库（经常是非常详尽的)。这些数据常常被用来分析生产率和施工方法。虽然这样的数据库多被用来确定支付给工人的工资，但也用来支持估价和投标。

对费用和价格预测有所用处的数据还包括项目的各种波动（价格变化）指数。有些国家只发布一般的消费价格变动指数——零售物价指数、GDP（国民生产总值）通缩率。当前，许多国家确实也发布十分广泛的国家经济统计指标（其可靠性变化很大——所以，要小心)；大部分国家都公布与建筑行业相关的各种统计资料，包括制造商提供的行业价格指数，新的订单，施工产值，雇佣人数，分专业/规格的公司的数目等，这些一般都提供了本地区/当地的数据，以及不同类型的（如私人住宅、工业和商业建筑）和行业内部分工（如民用工程，维修）等的相关数据。随着数据的进一步细化，更要对数据种类的划分格外小心（如英国的房屋和建筑统计将更新改造列入“新工程”)。各个大型项目的情况也不尽相同（如英法遂道，香港赤腊角新机场)。仔细分析众多统计数据的目的是为长远决策提供依据（如市场分析)，但同时也是为通过考虑基本的成本/价格和可能影响变化（如通货膨胀）的因素来定出各个项目的价格。

第4节 价格预测技术

价格预测（Price Forecasting）（有时称做估（概）算（Estimating)）是用来告知业主和其他设计人员项目预计的最初合同总额。随着设计程度的加深以及越来越具体的项目细节的提出，预测的价格就会与指定的项目更贴近。费用计划关注的是项目费用的分配（对业主来讲；即初期合同总额的分配)。当然，价格预测和费用计划是密切关连的，因而可一起进行审查。

Bennett（1982）曾经分析过工料测量师惯常采用的几种价格预测技术的可靠性。他的发现表明这几种方法在预测最初合同总价方面的误差在20%～6%之间。详见表7.1。

常规价格预测方法的误差 　　**表7.1**

估算方法	估算与标底的平均偏差（%）	误差变化系数（%）
从以前某个项目中得出的每平米造价	18.0	22.5
从以前几个项目中得出的每平米造价	15.5	19.0
基于以前一个项目的单位工程造价	10.0	13.0
基于以前多个项目的平均的单位工程造价	9.0	11.0
基于对数据库中相关数据进行统计分析的单位工程造价	6.0	7.5
基于承包商估价方法的资源消耗和成本	5.5	6.5

减少误差的两种主要措施在于：

• 提高估算方法的精度，使用大量资料（如：通过分析以前多个项目而不仅仅单一项目）进行预测。

• 使用更多的更有针对性的数据（在设计的后期阶段可能逐渐地考虑与特定工程相关的更充分的信息）。

Barnes（1974）论及随着设计阶段的不断深入，降低项目价格预测误差/变化的情况。通常情况下，误差/变化的分布被认为是对称的（如果不是正态分布的话），但也有一些证据表明误差/变化的分布更趋向于反映价格（早期）预测的片面性，这些证据虽然没有经过核实但与最终合同价的确定相关。

Ashworth 和 Skitmone（1982）验证了许多建设工程价格预测变动的报告，表明预测的变化系数（CV）大约在6.5%～7%之间。其中的大部分预测都是在投标前进行的，并且采用了针对性较强的数据和十分成熟的方法。结果表明，对于不同工程类型，民用工程和建筑项目，英国和欧洲或公共/私人项目之间没有明显的不同。

Morrison（1984）发现，以建筑项目中通过选择性竞标而被接受的最低投标价来计算，工料测量师价格预测的变化系数为15.5%。Morrison将引起变化的来源量化为：

	变化系数CV（%）
竞标中最低标价的变化	6.60
使用以前最低标价中数据产生的变化	5.00
估算方法本身的变化（对工程量清单定价）	1.85
对所选数据进行调整产生的变化	6.90
使用不完善的成本数据产生的变化	11.00

尽管Morrison认为，有关价格预测的变化在设计深化的同时没有显著降低，此结论与其他人的发现及行业中广泛接受的看法相悖，但他所坚持的依靠更完全的选择、加工和应用数据资料来提高价格预测水平的思路是正确的。

在设计阶段进行工程价格预测的方法通常有六种，费用计划的方法则更为详尽，即不仅做出项目价格，还要分析各部分的费用以确保它们之间的相互协调。为合理应用各种方法，须注意以下要求：

• 相互协作获取信息；

• 至少要有初步（方案）设计图纸和设计说明；

• 场地情况（位置、尺寸、道路、斜坡、障碍等）；

• 业主对项目的详细要求，通常是项目的运行标准和参数（特别是总价格）。

决策得越早，它产生的效用越大。对项目的价格预测和费用计划应在项目的进行中尽早开展，并随着项目的推进不断地修改和完善。

一、单位能力估价法（Unit Method）

这种方法的基础是提供服务的单位数量，如游泳池可容纳的人数；电影院中的座位数；医院中的床位数等。所需的设计参数就是规模（可提供的单位数），这种方法利用类似（尺寸和类型）项目的已有的数据，对其作适当的调整，得到新的数据，用来估算当前项目的价格。

由于所涉及的变量很多，仅靠这种方法获得精确的价格估算是相当困难的。

该方法适用于：

• 与类似项目的价格进行比较；

• 针对“费用指标（界限）”（Cost Yardstick）审查费用；

• 设定“费用标准”即确定一个费用界限（Cost Limit）。

“费用指标”指业主要求的费用标准，也就是项目的价格。它代表一种典型项目的价格标准，并说明哪些因素使价格发生变化和这些因素的变化范围。

计算规则：

通常，各个公司都有各自规定的计算规则（如估算经验）。然而，有关的公共部门会制定常规规定（如医院、大学、学校）以确保不同项目之间的可比性，并便于使用费用指标。该方法应用于同一项目中不同部位的规则也不一样（如大学里的教室、实验室、办公室、宿舍等），其他室外工程也是如此（如道路、人道、草坪等）。

二、体积估价法（Cube Method）

体积估价法根据的是建筑由外墙、屋顶和地板所围住的空间量，通常以立方米（m^3）进行估算。因此，必须知道建筑容积。通过对比（与已竣工的建筑每立方米造价进行对比）来得出拟建项目每立方米的造价。由于这种方法不考虑项目间设计、造型的不同，为了达到一种合理水平上的估算精度，必须使用一个十分类似的项目进行对比，而这在设计初期（使用这种方法的阶段）很难并且是几乎不可能做到的。而随着建筑形式越来越复杂多变，该方法也暴露出更多的缺陷。

该方法适用于：

• 在设计初期，迅速审核估算；

• 基于建筑容积预测暖通/空调的造价。

计算规则：

以外墙皮计算的平面面积×高度

高度的计算（全部从基础顶面开始）：

• 平屋顶至屋顶上 600mm 处；

• 带女儿墙的平屋顶。

如果女儿墙高于 600mm，则至女儿墙顶；

如果女儿墙低于 600mm，则至屋顶的 600mm 处。

• 坡屋顶，且不使用屋顶空间：至屋顶高度 1/2 处；

• 坡屋顶，使用屋顶空间：至屋顶斜面的上 3/4 处。

地下室及非常规基础要单独考虑，分别计算并估价。外部工程如烟囱及其他特殊部分要单独考虑。

三、单位建筑面积或每平方米（m^2）**估价法**（Superficial Floor Area or Square Metre Method）

这种方法较之单位能力估算及体积估算法，要求设计更加成形，如楼层、尺寸等的确定。利用对比确定每平米造价，同时，要考虑不同建筑的楼层、高度、施工方式等方面的变化。这种方法得到的结果便于业主理解，尤其是对于发展商，因为租赁费通常是以建筑面积的每平米（每平方英尺）单价报价的。然而，由不同的布置和外形而引起的价格的差异没有考虑进来，因而要对不同项目做单独的调整。

适用：

• 随着设计的深入准备更详尽的估算；
• 针对早期及后期的估算核对价格；
• 对将来租金水平提供参考（用以支持项目的可行性评估）。

计算规则：

• 外墙围住的全部建筑面积（不扣除隔墙、管道、楼梯等的面积）；
• 区别对待不同功能、标准及楼层高度的面积；
• 分别计算外部工程及特殊部位（如基础）的价格。

四、近似工程量（概算）法（Approximate Quantities Method）

由于在施工图（包括设计说明）阶段使用该方法，（即在设计的后期使用，）它显然是较准确的方法之一。该方法利用项目的实际设计和当时的市场价格进行计算。该方法能够对各部分的价格逐一加以考虑，而不是通过笼统对比加上不可预见费（如前三种方法所作的）来估算建筑物的总价格，从而能得到更为精确的价格（概算）。通常，使用单一价格形式（通常为每平方米）作为对照检查的标准。

该方法适用于：

• 控制工程不同部分的费用分配，以确保较好的资源（费用）平衡；
• 核对以前的估算；
• 最终的概算作为费用计划为标书评价和项目实施过程中的财务控制提供依据；
• 通常，承包商根据施工图纸和设计说明（如果招标文件中没有提供工程量清单），用该方法确定项目的投标报价。

计算规则：

最终的大宗材料清单，即项目的主要部分的计算工程量。应标注用工数量及细小部件，但不计算在内，只在计价时涵括它们（如门的金属饰件、窗玻璃、内墙饰等）。

五、楼层估价法（Story – Enclosure Method）

楼层估价法在美国很普遍，但在英国和欧洲却使用得不多。它是一个单一计价方法，各种系数用于调整施工（设计）的计量部分，以反映总体的施工费的差异；这样可以计算出“楼层-单元”的总数量。总的楼层-单元数所乘的单价可以从数据库中得到；也可以从一个相似（目的、平面形状、规模、楼层高度等）的完工项目上得到此参数。

这个方法的特别之处在于总的楼层-单元的计算，利用各种系数，使人们以一种很简便的方式得到施工费用；这是一个很容易记住的方法，使得设计者通过一个较方便的途径来大致确定他们不同设计方案的成本。

该方法应用于：

假设拥有一定的数据，该方法的应用则很普遍，特别是它不需要像近似工程量法那样要求有详细设计。

方便快速核查应用其他方法得出的估算。

计算规则：	系数
• 底层：一外墙皮之间的平方米面积（“正常”基础）	2
• 第一层及以上各层（计算同底层） （即：第一层 2.15；第二层 2.30 等）	每增加一层增加 0.15
• 地下层，与地相连部分	3

• 屋顶，以平面计量　　1

• 墙体，高于地面：以地面到屋檐的外立面计量　　1

• 墙体，低于地面，包括地下室与地相连部分　　2

计算出的楼层-单元总数乘以每单位对应的价格即得到工程的总价。外部工程、特殊特征、曲线工程等（即工程的任何特别项目，与估算的工程有显著不同特征的项目）定价时要区别对待。

六、单位工程估价法（Elemental Cost Planning）

这一方法，在英国的应用起源于地方政府，然而由于它的完善程度和准确度，其应用正不断扩大，并逐渐成为最为广泛采用的方法。运用单位工程方法分析建筑项目的费用（以中标的标价测算）已经被皇家特许测量师协会（RICS）所属的建设成本信息服务机构（BCIS）所采纳，做为分析建设项目成本的常用方法，并且为取得良好的项目费用平衡提供参考。但是由于该方法需要许多的详细资料，因此，只有设计到了相当深度的时候才能使用。这时基本的设计决策和主要的成本已经确定。

RICS 提供了一套费用分析的标准形式，其中包含了 36 个单位工程内容和开办费（多数项目并不需包括所有的单位工程内容）。每一个单位工程都用近似工程量法来计算。某一项目的价格可通过与其他项目的比较并且对相似的项目的费用进行一系列调整后得到。对整座建筑，每一个或几个单位工程以单位建筑面积的造价表示。

应用：

• 设计阶段编制详尽的费用计划；

• 保证各单位工程之间费用的平衡（与已完工的，成功的建筑相比较）；

• 保证建筑满足其成本限度/目标/指标；

• 为项目提供费用控制的最基本文件（费用计划）；

• 对施工项目进行费用分析以提供数据基础并且可以直接应用于后续工程的可行性研究，用来帮助核实/制订费用限度和大致的/可能的费用水平，为设计人员提供各单位工程之间的费用比例。

计算规则：

• 应用近似工程量计算每种单位工程的平方米建筑面积的工程量；

• 为了从以前的建筑费用分析中制订出一个费用计划，需要四个方面的调整，即工程量、质量、价格调整和工地位置

• 单位工程的费用分析×调整系数→新建筑中各单位工程的目标费用；

• 各单位工程的日标费用之和→新工程的总的费用估算。

调整可按下面的方法进行：

工程量——

费用分析（以前工程）		费用计划（新工程）	
内门	38.80 $ /m^2		
建筑面积	1200m^2	建筑面积	1000m^2
	40 扇门	30 扇门	

（38.8×1200/40）　×　（30/1000）＝ $ 34.92/m^2

质量——

费用分析：20 个卫生洁具，白色，平均每个 $100.00

费用计划：20 个卫生洁具，彩色，平均每个 $140.00

（应用新工程的建筑面积）

$100.00 \times 20/1000\ (m^2) = \$2.00/m^2$

$140.00 \times 20/1000 = \$2.80/m^2$

这样，改变卫生洁具的质量（从白色到彩色），工程费用增加 $0.80/m²（增加的全部费用为 $800.00）

价格调整——

价格波动（变动）/通货膨胀的调整通常采用价格指数进行调整，因为费用分析着眼于预测一个业主为了新建筑而愿意支付的价格，这样的调整应采用合适的投标价格指数（Tender Price Index，TPI）。

费用分析：TPI=156

费用计划：未来某一日期的预测的投标价格指数（TPI）=214

因此，或乘以 214/156 来调整费用计划，

或者增加（214-156）/156×100/1=37%的费用

施工地点——

在英国等国家公布了许多种指数，以便进行调整。计算方法同价格调整所要求的方法相似。

第5节 运用费用计划

运用费用计划（Cost Plan）在设计阶段有着很重要的作用，它不仅为业主指出了拟建项目可能的总成本，而且指出了工程各组成部分的费用分配。因此，费用计划有助于预测现金流量和实现整个设计施工过程中的费用控制。

但是要记住一点，费用计划仅仅是一个预测，所以它不可能完全准确，任何预测都包含有可变性，而且，虽然准确地确定费用计划中内在的可变性的程度是不可能的，但是研究发现（见第 4 节所述），确实显示了可能的变化。变化的程度应该能为决策提供不可预见费的量的概念（不可预见费是指那些不可知的但有可能影响建筑项目整个或部分成本的因素）。

随着设计的推进，有可能将不可预见的部分转化为设计内容，即使更多的不可知转化为可知，从而降低不可预见费的数量。在设计的最后阶段，仍然保持着不可预见的部分应是那些真的很需要，但还没有最后确定的工程内容。如有些工作内容是需要的（诸如清除地下障碍物之类），但在设计阶段又不便于确定这些工作是否必要，如果必要，工作量有多大。不可预见费不可以用于给设计者提供（如设计押后）借口，以确保额外的费用来源或当工程最终决算时业主会有“节省”。类似这样地使用不可预见费将降低设计的正确性和效率。

费用的比例可以衡量一个建筑中单位工程之间费用是否均衡。也就是采取比较的方法。比率是用来说明建筑类型合适的比率（通过用途/功能），但单个工程之间的比较对于考察比率的不同水平带来的可能影响尤其有用。

可以用比率分析（Analysis of Ratios）来补充第5章所讨论的设计考虑。常用的比率包括外墙∶楼地面；内隔墙∶楼地面；门∶墙；窗∶外墙。交通空间是一个重要的设计思想(见第5章)，方便人们在一个建筑周围移动，对于投入使用的建筑物功能的发挥至关重要。进一步来讲，因为循环空间包含管道等，它的尺寸必须足以安装服务设施，尤其要能满足保养、修理、替换和更新的需要（特别是在使用时的变化以及因现代房屋提高服务功能的要求，如安装空调、计算机设备等）。

施工技术和方法的变化缓慢是有好处的，尽管这一变化的步伐正在加快。在分析工程的费用计划时，最好是借用类似的建筑物，该建筑物不仅与拟建物在功能、规模和设计上相似，而且利用的是相同的（或相似的）技术和相似的施工方法。否则的话，费用积累的水平和方式就可能不同，因而导致费用计划的精确性和有效性的降低。

在项目完整设计的基础上最终确定了费用计划以后，就为施工中的费用控制提供了主要的依据。需要的话，费用计划应当再行审查，并且根据中标的投标价情况进行进一步地调整。

思考题

1. 评价“土地成本上涨引起开发成本的上涨”的说法。
2. 解释价格预测中的变化因素是如何产生的，并讨论在设计阶段工程价格预测的可变程度。
3. 注意用于费用计划中楼层估价法的各个系数的大小并解释这些系数的必要性。
4. 讨论建筑项目中单位工程估价法是如何计算的，并评价这种方法在合同期费用控制中的应用。

参考资料

Bennett，J.（1982），Cost Planning and Computers，in Brandon，PS（Ed），*Building Cost Techniques：New Directions*，E & FN Spon，pp 17-26

Mackinder，M. and Marvin H.（1982），Design Decision Making in Architectural Practice，*Research Paper* 19，*Institute of Advanced Architectural Studies*，University of York，UK，April.

Morrison，N.（1984）The accuracy of quantity surveyors' cost estimating，*Construction Management and Economics*，2，pp 57-75

第 8 章　项目价格的确定

本章的重点是论述承包商如何为一个特定的项目确定合理的投标价格。首先介绍了业主为一个项目选择承包商的八种方式及其特点；影响投标报价的因素，即承包商的企业目标和竞争因素；然后详细论述了投标报价的过程，每一阶段的任务和特点，价格确定的方法；最后讨论了谈判时确定项目价格的作用。

第 1 节　选择承包商的方式

由于项目不同，加之国与国之间、经济制度之间的差异，选择某一个机构作为主要承包商的方式也不相同。一般来讲，非市场经济是指令性经济，在这种经济体制下，政府部门在施工单位之间分配任务，下达指令指明某一项目必须由某个施工单位承担。这种分配工作的方式是为了对每一个施工单位提供稳定的、可预知的、恰当的工作量。在这样的经济体制下，项目的价格也是预先规定好的。

在市场经济条件下，选择承包商的方式是多种多样的，但其核心问题是承包商以怎样的价格承揽项目。这个价格可单独采用总价合同的竞价方式确定，或者更实际些，综合应用竞争性因素——价格竞争和非价格竞争来确定。

项目的目标（如项目使用要求的规定）是确定选择承包商方式时（见第 3 章项目实施方式）应考虑的主要问题。通常，越需要有竞争性，完成选择的时间就越长，就需要更多的评估来选择出最合适的承包商，并确保该承包商有履约的能力。

一般来说，政府部门，像欧洲经济共同体，对政府和其他公共部门所发起的项目（超出最低投资限额的项目)，都以立法的形式规定了选择承包商时必须遵守的一套特定程序。这套程序通常要求通过公开招标或者单一阶段的选择性招标来挑选承包商。

一、公开招标（Open Tendering）

公开招标为价格的竞争提供了最大的活动余地，但很难保证参加竞标的承包商有能力按项目的使用要求实施并完成项目，因此，选择承包商时应对提出最低标价的承包商的资源、技术、工程经验等方面加以考察。

公开招标程序的几个要点：

• 广告（Advertising)：

通常在报纸或商业出版物上刊登广告，说明项目的情况，包括大致的投资规模，邀请有意投标的承包商索要招标文件（工程量清单（BQ)，图纸等)。广告应当注明：从哪里可以得到招标文件，取得招标文件所需的押金（提交正式的投标书时退还）和报送投标书的截止日期。

• 向索要投标书的承包商提供招标文件及相关的文件；

• 承包商编写投标书；

• 承包商在指定的地点、时间或日期递交投标书；

• 开标，根据标价排序，并要求报最低价的承包商提供工程量清单（BQ）；

• 仔细审查最低投标者的工程量清单，以确定其中是否有误；

• 核查最低报价者的资源状况，以确认其有能力承担项目（如果在工程量清单（BQ）中找到了错误或者（并且）怀疑最低报价者的自身能力，就需考查次最低报价者。这一过程需持续到找出满意的报价者为止）；

• 授标（Award of the Contract）。

通过公开招标的方式选择承包商具有很大的风险，尤其是在需要将工程授予最低报价者的情况下（这一点有可能是上面所讲的法规所要求的），业主可能对该承包商具备的资源状况或/和其专业技能、经验、实施项目所需的能力等表示怀疑。因此，《Banwell 报告》（1964）建议在英国摒弃公共项目的公开招标，而选用单一阶段选择性招标。这一建议很快得到了采纳。

二、单一阶段选择性招标（Single Stage Selective Tendering，SSST）

单一阶段选择性招标（SSST）要求参与项目投标的承包商必须经过预先筛选，即他们已经通过了资格预审（Pre－qualification）。一般是由业主或顾问（建筑师或工料测量师）准备一份具备资格的承包商名单，再从中选出参与投标的承包商。这一名单可以是只为某个项目列出的，但更多情况下是一份（常备的）具备资格的承包商名单。

资格预审有两个要素：

• 考察承包商适宜承包多大规模的及什么类型的项目。

• 考察承包商是否适宜承担某一特定的工程项目。

第一个要素（一般要求）是为了列出一份常备的承包商名单（长名单）（Standing List），第二个要素（特殊要求）是考虑从长名单中挑选出最适合特定项目的承包商（短名单）（Short List）。假如没有候选名单，就综合以上两个方面的要素，来挑选参加投标的承包商。

一般要求包括：

• 经济实力；

• 在类似规模和类型的项目上的经验及专业水平；

• 人员素质（管理人员和工人）；

• 质量保证认证（Quality Assurance Certification）。

特殊的要求因项目的具体情况（使用标准和参数）不同而各不相同，但通常强调以下几点：

• 近期有成功承担类似项目的先例；

• 过去的施工进度资料；

• 过去的投标价格资料；

• 人员的专业水准、资历和近期工作经验。

当使用符合一般要求的承包商名单时，一定要对这份名单进行定期审查和修订，并且随时确认名单上所列的承包商是否仍然合格，应去掉那些不再合格的承包商，增加新的符合资格要求的承包商。

对所有的合格要素（要求）的审核，目的是使所有即将被邀请投标的承包商具有或大体具有同等的能力，更确切地说，确保他们都能按要求完成项目。因而，可以有把握地从这些承包商提交的投标书中，选择出中标承包商，这应是提供最低报价的承包商。单一阶段选择性招标（SSST）的投标程序见图 8.1 所示。

序号	投标行为	责任人	第一周	第二周	第三周	第四周	第五周	第六周
1	收到招标文件	办公室经理	—					
2	决定投标	经理/管理部门	—					
3	细阅文件	估价师/合同经理	—					
4	现场踏勘，报告	合同经理	—					
5	分包商询价*	采购人员		—				
6	施工机械询价*	采购/设备经理		—				
7	材料询价*	采购人员		—				
8	施工方案*+	合同经理/计划人员		—				
9	施工计划	计划人员/合同经理		—				
10	确定(分包商)报价	采购人员			—			
11	估算	估算师		—	—	—		
12	其他(管理)费	估算师/合同经理				—		
13	汇总	估算师				—		
14	确定报价	经理/管理部门				—	←	

+含现场布置

*含工程量核实

投标书提交

图 8.1　承包商投标程序

三、两阶段选择性招标（Two Stage Selective Tendering，TSST）

• 人员（Personnel）

在两阶段招标中，接收评审投标书和授予合同之间，有一个附加的程序。接到投标书后，报价最低的两至三家承包商需提交标过价的详细的工程量清单以备审查；如果这些工程量清单满足要求（无重大错误、遗漏等），那些将管理该项目的承包方人员需向业主及其顾问阐明他们将如何管理这项工程。而且这些人员的履历一般应同投标书一起提交或在会面之前提交。

对承包商拟派的项目管理人员进行详尽审查，是为了确保这些人员有能力胜任该项目。因此，在两阶段选择性招标中，最后中标的（通过预审的）承包商是综合考察其报价和项目管理的人员之后才决定的。

这种选择承包商的方式是承包管理的标准，并且已经成为一种规范。

• 价格（Price）

当某一工程需要提前开工时，往往采用这种两阶段选择性招标的方式。投标报价的基础是施工图纸、近似工程量清单、工作单价表和主要的工作量，或者除了报价以外，通过其他方式来找出候选承包商之间的差别。

第二阶段是与最低报价的承包商进行磋商，建立和达成详细的共识，以决定最终的项目价格。

四、议标（Negotiation）

当业主与承包商之间有良好的关系时，为了确保项目早日开工，业主可以采取与承包商谈判的方式。谈判要确定施工的工期，但更多的是要达成项目价格的协议或是确定如何计算价格的细节（工作单价表，成本加费用等）。

由于使用这种方式不存在竞争，业主一定要对承包商具有信心和信任。承包商从一开始就确定了下来，因此他会因不需要编制针对该项目的具竞争性的投标书而获益，从而节省了这部分支出，而且还稳拿该项目的合同。通常情况下，对项目价格的谈判是由工料测量师代表业主主持的。

五、计量条款合同（Measured Term Contracting）

对业主来说，计量条款合同适用于一系列小型的新项目和维修项目。承包商是在对将要发生的工作内容报出单价后以单一阶段招标方式确定的。另一种做法是提供给要投标的承包商一份单价已经初步确定的工作内容清单，要他们针对每一项订出自己的价格，递标时说明指定的标准单价总体上有多大的变动幅度。签订这种合同适用于某一特定时期，并且承包商要承担那些业主要求他做的工作。

因项目的需要，业主会通知承包商开展工作，不过应该有一个合理而稳定的工作量。这些工作量将以事先双方都同意的方式和费率计量和结算。

六、系列承包合同（Serial Contracting）

当项目的工期和工作量因业主的需要而频繁变动时，就应采用系列承包合同而不用计量合同。此时要明确对承包商的支付方式和付款期限。但是，每一工程均需有独立的合同，并且应随时对单价进行调整以反映价格水平的变化。

七、目标成本（Target Cost）

在应用目标成本确定项目的价格时，承包商和业主代表（一般为工料测量师）一起计算和确定项目的目标成本。目标成本（Target Cost）是一个约定的价格，包括承包商施工费用加上约定的管理费用（经常为施工费用的百分数）和利润。

因为这是一种实报实销的计价方式，施工费用的估算可以在详细设计完成之前确定；承包商在施工中发生的“实际费用”会在约定的条件下予以支付。因此工程量的计量必须真实和公开，以便于工料测量师审查，并以此作为期中和最终付款的依据。必须明确规定哪些费用是可以实报实销的，哪些（是由于承包商的失误造成的）是不可以的；变更，合理的索赔等将予以支付。

目标成本方式（亦可用于工程进行之中）不仅可以作为确定价格的一种手段，使得项目早日开工，同时也可以作为对承包商履约的一种激励措施。需注意的是：

- 目标成本的内容必须是明确的；
- 目标成本的可变动范围（%）必须确定；
- 对承包商的奖励是对良好的费用控制表现的鼓励，而不是鼓励通过偷工减料而降低施工成本；
- 由承包商造成的不良的费用控制应当通过减少承包费来对承包商进行惩治。

详尽的目标成本的定价方式请参阅 Perry 和 Thompson（1982）的著作。

八、保证的最高价格（Guaranted Maximum Price，GMP）

保证的最高价格（GMP）80 年代在英国很流行，尤其是对设计-施工的项目。通常确定的项目价格是双方认可的（可以是通过投标或者其他形式），但需要承包商保证最终不会超过某一规定的最高限额。

在 GMP 定价中，价格经常是浮动的（如同目标成本或实报实销的定价方式一样），所应承担的合同工作量要确定；所有超出此合同的工作都应该重新定价。

同其他的定价激励方式一样，为了确保各方（承包商、业主、设计单位）在施工中正确履行合同，一定要确定价格内容、计算方法，并且要加强对质量和其他的变化因素的控制。

第 2 节　承包商的企业目标

承包商的企业目标可分为价格目标和非价格目标、战略性目标和策略性目标。战略性目标（Strategic Objectives）通常是长期的，适用于整个组织（公司、集团等）；策略性目标（Tactical Objectives）则是短期的，和各个独立的项目活动有关，它是考虑问题的出发点，如项目价格的额定。策略性目标包含于战略性的目标之中，二者必须相互协调。

简单讲，价格目标关心的是总标价（含中标项目的合同总价和由此得到的项目的最终决算）；当然，价格目标也要关心盈利性（投资回报等）。非价格目标是所有其他目标（履约期限、质量、市场定位），对价格没有直接的影响，然而价格目标和非价格目标的关系是十分紧密的。值得注意的是，资本主义经济所强调的企业的首要目标是最大限度地获取利润，从长远来讲一个公司必须赚取“正常利润”（维持投资者所需的利润）才可以生存下来。

在经济的短周期中，（某一公司在这段时期内，只有可变成本，如工人工资、直接材料费可以改变；长期内，固定成本像总部办公室的租金，高层管理人员的工资也可以变化，）无论企业有没有产出，企业都要支付固定成本。经济理论指出，承担一个项目的最低报价是该项目的边际成本（边际成本是工作过程中产生的总成本再加上一定的费用）。因此，从承包商的角度来看，单个项目是一个短期活动；承包商（合理的）投标余地很大。最低价格是承包商对履行项目的边际成本的预计值，没有理论上的最大值，但是如果承包商期望中标，他的最高投标价格应该略低于报价最低的竞争对手所报的价格。

在战略层面上，承包商的目标包括生存、赢利、组织的发展 、经营行为的类型和位置的多样化 、市场形象和声誉（业主、顾问、供应商、分包商、价格、质量、履约时间，以及如何对待顾客和供应商）。在策略性层面上，目标将集中于中标和施工的条件上，在竞争环境中采取怎样的行动等（根据垄断理论，竞争只在少数对手中进行）。

在 Tellews 等人（1983）的著作对企业目标和行为进行了十分详尽的论述。

第 3 节　竞　　争

传统上，竞争的焦点是价格。然而在西方发达的市场经济体制下，正在朝着对非价格因素进行评价的方向显著转变：在项目管理条款中，从只考虑单一的价格到对工期和质量也予以同样的重视。

对工程承包商来讲，传统的竞争着眼于总价上。然而一些业主和设计顾问（更主要的是工程经济学家和工料测量师）越来越意识到运行费用（供热、清洁、修理，维修等）的重要性。因此通过折现现金流量技术，对项目寿命周期费用的评估显得越来越重要了。通过设计对整个项目周期的成本和费用进行考察的价值管理方法也已经得到了越来越广泛的应用。

虽然对项目工期和质量的评估经常是依据它们的资金效应来进行的（由标价和使用费用构成），但是项目评估的范围已越来越广。在英国，无论对设计顾问（通常通过招标雇用）还是承包商，投标的一个显著特点是，对参与项目的人员素质越来越重视。顾问/承包商拟安排参与项目的人员常常会被要求提交各自的履历书（与其他投标文件一起提交），以考察他们的资历、经验和专业水平。如此详细的考查，说明这些人员对项目的实施有着至关重要的作用。

因此，尽管标价依旧是决定哪家公司中标的重要因素，但其他一系列的竞争因素也很重要。这一变化，至少部分是由发展水平、尖端技术、建筑市场和参与人员的日益成熟而带来的。在这样的市场条件下，竞争对手间（顾问/承包商等）的技术能力大致上是相同的，这些组织都能够依据工期、质量和费用的要求完成项目，不同的是交付项目的方式，以及潜在的他们所遵循的市场导向政策。

市场经济是以竞争有益为理论基础的（最明显地集中在价格上），因此，竞争越多越好；市场经济带有完全竞争的色彩（或是垄断竞争，即理论上的完全竞争在实际中的等价物）。市场越不完善，就越易产生垄断，因而情况就愈糟。然而，这一观点建立在几个重要的假设上，主要是有关（基于价格的）效率的假设，而这些假设是不一定能够成立的。更进一步讲，对竞争的需要是以“顾客至上”为思想基础的，通过价格机制调控市场需求(低价导致高需求；高价导致低需求；但供给正相反。供给需求曲线的交点决定此时市场上该品种的价格，即品种的市场价格)。

当顾客追求利用其可支配收入（总收入减去直接税）最大限度地满足其购买需求时，生产商（供应商）则是致力于利润的最大化。因此，生产商总是竭力限制同行的竞争（采取广告、注册商标、产品或服务的特色、专利等途径)。在极端的情况下，每个生产商都愿成为垄断者，扩大其在生产商市场的影响力，以便有机会赚取高额的绝对利润或垄断利润。

此外，人们普遍认为竞争是浪费和低效的。在有些情况下，（如供电）竞争可能会导致（电缆）供应的不必要的重复，进而引起较高的价格。竞争还会抑制规模经济效益。因此，在大多数情况下，实际的结果是追求一种平衡，使得消费者和生产者的利益都得到增长，如对建设项目的选择性招标。

第4节　投　标　报　价

投标报价（Tendering/Bidding）是以什么样的价格对一个项目进行报价的管理决策，同时也指投标书的递交。投标必须与估算区分开来。估算是一个过程，在这个过程中，承包商（假设自己拿到项目的话）依据招标文件中的各种条件，估计执行特定的项目内容时的所有支出。如第 7 章讨论的，顾问工料测量师在设计阶段采用的是估算方法，也称其为费用计划或概算。

最常见的招标程序是单一阶段选择性招标。历来最普遍的当属公开招标：任何承包商均可对项目投标，但是对低（最低）投标者能力的考察，要到业主和/或顾问评标时才进行，这一过程难度较大，时间紧，也不可靠。因此现在常用的是对投标者进行资格预审，为某类型项目制订一个“候选”的适合的（可靠的）承包商名单（如英国机场管理局 BAA 和香港政府使用的）。或者是在对单个项目邀请投标之前对投标者进行详细地审查，如英国单一阶段选择性招标条例所规定的那样（NJCC 1989）（参阅第 3 章）。

估算的作用是为了使承包商尽可能准确地做出费用预测。投标报价则是为了使承包商能够确定某一特定项目的最合适的价格。类似的情况同样适用于设计咨询顾问、分包商等。

传统的确定项目内容的方式（如在工程量清单中的简要叙述，它是以（土木工程）项目标准计算规则为基础的和确定项目报价的方式（合同总价和最终结算）为：

估算成本 + 标高金 = 价格

（预计总成本）（总部管理费和利润）

更具体的公式为：

估算工程量清单的费用

+ 估算开办费（现场管理费等）

+ 总部管理费分摊

+ 不可预见费

+ 利润

= 报价

显而易见，这种方法是以预计的成本直接费为基础的。因而承包商应考虑：

- 怎样进行施工
- 何时开展施工
- 承担这些工作内容所需的支出为多少，施工方案，施工进度计划和估算。

理论上来讲，一个报价是在综合考虑了施工方案、计划和估算后才确定的。这样才会得到一个最好的报价方案来实现承包商的目标。

施工方案、施工计划和估算用来回答以下问题：

问题	依据
• 什么是未来的“产品”	* 图纸、规范和说明 * 工程量清单说明、项目描述和图表、图纸
• 未来“产品”的工程量有多大	* 工程量计算 * 详细的工程量清单
• 如何生产“产品”	* 施工方案（如有可能应列出备用方案）
• 现场在哪里	* 合同项目的地点 * 图纸 * 工程量清单（特别针对“指定”条款）

- 何时生产　　　　　　　　　　　　　　　　＊ 施工计划
- 利用什么资源　　　　　　　　　　　　　　＊ 图纸、说明和规范

　　　　　　　　　　　　　　　　　　　　　＊ 工程量清单

　　　　　　　　　　　　　　　　　　　　　＊ 施工方案

　　　　　　　　　　　　　　　　　　　　　＊ 估算的基础（包括生产效率等）
- 资源消耗是多少　　　　　　　　　　　　　＊ 估算

在编制支持报价和决策的各种文件时，有许多数据库可资利用。随着建筑活动的多样化，项目在技术上和管理上也趋于复杂（如协调更多的工种），投标报价的数据库也日趋庞大。因数据库的规模、分类及复杂程度的增大，会产生两个问题：

- 各条目位置在数据库中的准确位置
- 所需的条目如何从数据库中调用（或许是对所需的数据库的选择）

Fine（1975）发现，数据库中条目的精确性（在英国的建筑业中）随着数据库条目的增加成指数型地降低（30 种条目——98%的精确性，2000 种——2%的精确性）。尤其是数据库的使用者（如估算师），在投标时，由于时间（或其他）压力，很可能产生诸如此类的错误。

因而，增大数据库的容量和数据详细程度，并不意味着更好——这是针对数据库的内容和使用时的适应性或精确性来讲的。

根据统计，通常工程量表中 20%左右的条目，其价格之和占项目价格的 80%，所以只需挑选这 20%左右的条目放入数据库中。

从多种发展趋势来看，开办费（现场管理费等）与"工程量计算"这一项十分相似。Bennet（1982）调查了开办费在合同价款中所占的份额。见表 8.1。Gray（1983）研究了开办费的主要内容，见表 8.2。毫无疑问，承包商在确定开办费时，主要着眼于为数不多的重要内容；也经常对这些内容重新估价，使得组成报价的总数达到一定数量（由承包商的管理层在报价确定会议上决定）。

开办费的变化范围（来源：Bennett 1982）　　**表 8.1**

项目造价范围（1000 英镑）	项目数量	开办费的幅度＊（%）	平均值	变化率
0～100	47	12.6～64.4	33.0	38.5
100～1000	114	12.6～54.6	25.4	32.3
1000～5000	53	12.6～58.8	18.3	40.4
5000～10000	2	15.4～19.6	16.5	15.2

＊ 开办费占剩余费用的百分数（%）。

典型的开办费项目费用明细表（来源：Gray 1983）　　**表 8.2**

开办费内容	占开办费的百分比（%）	累　计
人员工资	28.6	
机械设备	20.8	
脚手架	16.8	
临时设施	11.8	

续表

开办费内容	占开办费的百分比（%）	累　计
电力	7.0	
场地清理	5.2	90.2
贮存	2.0	
监控和保安	1.7	
电话	1.3	
临时道路	1.6	
给水	0.5	
排水	0.3	
防护	0.4	
试验	0.3	
保险	1.6	
防冬措施	0.1	9.8
		100.0

投标报价—报价确定会议的主要内容是将估算（费用预测）转换成标价的过程。大多数的情况都不过是投标书在公开的（明显的）竞争条件下编写和递交。但是也不一定如此，单独的承包商可以在无竞争的情形下报送标价，而业主有权予以接受、拒绝或重新设计，重新招标（修正）。

投标是严肃的事情，一旦投标被接受，在法律上就有了约束力，投标者必须依据标价履行合同。投标是一种报价——是对履行项目（如投标文件所描述的 BQ、图纸等）的一种约束。

通常某一项目的投标书必须在承包商收到招标文件的短期内提交（经常为 4～6 星期），因此，投标书的编写有可能是在“较大压力下的”仓促的行为。施工界的一个普遍的说法是中标的承包商是那个在投标书中犯下了最大负面错误者（因而，递交了错误的低标）。

投标对企业来说，并非是不需代价的，它的费用占承包商营业额的 1%；费用水平对成功率十分敏感（即中标率），这是一种主张限制竞争的说法。在设计-施工的一体化项目中，由于设计投入的要求，投标的耗费非常高（大约是通常报价的 3～5 倍），因而，若超过 3 家竞争对手，承包商就会放弃对这样的项目投标。对设计加施工的项目的评标也与通常的对投标书评估方式是一样的，只不过是增加了对设计方面的评价。

报价确定会议（决定报什么样的标价）有两个主要的内容，即报价和（为递标）最终定价。

注：以下讨论是基于这样的一种假设，即决定项目应该授与哪一个承包商的唯一标准是价格（十分适合于选择性招标）。然而除了价格因素以外，其他因素综合在一起，也影响对承包商的选择。多重属性的应用模型就适用于这一评估，见附录 2。因此，通常假设工程授与报价最低的承包商。

一、投标（Bidding）

投标方式涉及到在竞争的环境中价格的预测，包括从直觉（最常见的）到复杂的数学公式，多数的报价是用较为成熟的实用公式得来的。投标方式是基于行为和目标的假设。在市场经济条件下，这些假定遵循着经济理性化和组织生存的目标，特别是利润最大化的目标。

如果投标模型代表了一般情况，即项目的合同将给予报价最低者（这在单一阶段选择性招标中是常用的合乎逻辑的做法），则这种投标模型可以利用概率来评估一个报价成功的可能性。该方法是利用过去的投标数据（自变量），采用数学预测的方法计算投标成功的概率（因变量）。自变量包括对类似项目内容的增减，竞争环境的变化，估算的准确性和一致性，定价战略的一致性，竞争对手的识别和表现等。与之相关的问题是模型的选择，即它的类型和适用性。

Friedman（1956）认为，在投标中如果已知竞争对手和数量，赢得该项目的概率（P）是：

（击败竞争对手 A 的概率）×（击败竞争对手 B 的概率）×…（击败竞争对手 N 的概率）

Gates（1967）认为这样的公式为

$$\frac{1}{\left(\frac{1-P_1}{P_1}+\cdots+\frac{1-P_N}{P_N}\right)+1}$$

式中 P_I 为击败竞争对手 I 的概率，$I=1, 2, \cdots N$

然而，当竞争是面临几个未知的对手时，

Friedman 公式为：击败平均对手的概率：P^n

Gates 公式为：$\frac{1}{n\left(\frac{1-P}{P}\right)+1}$

上两式中 P 为击败对手的平均概率，n 为竞争对手的数量。

另一种方法是采用可能收益贡献模型的数学期望值（Probable Profit Contribution, PPC）标价为期望获得的收益乘以期望的中标概率。PPC 公式，特别适于许多类型相同、环境稳定（住房）的项目的投标。此公式应当对每一项目均提出最大标价的 PPC。无论采用什么模型，关键是确定不同报价水平的中标概率。这种概率受竞争的激烈程度、评标人（业主、工料测量师、建筑师、工程师）的印象和习惯的影响，和招标邀请时给投标者提供的“指导性价格”（Guide Price）及其对项目评估的影响。

在评标中非常低的报价（提交的投标价低于预测的总成本加正常的利润）被认为是冒很大风险的，因为报价太低会导致投标者无法根据项目要求很好地履行和完成项目，这样的报价中标的概率接近于零。

因而，针对某一项目的承包商“可行（或决定）的投标报价范围”，确定标价概率曲线的范围很关键（如图 8.2 中的承包商中标概率曲线所示，承包商报价很高时，中标概率很低；降低报价，中标概率提高，最高中标概率约 50% 左右，但是当报价低于评标人认为的报价极限时，随着报价的降低，中标概率反而降低。—— 译者注）。

二、最终定价（Price Finalisation）

标价是在投标组织的上层管理会议上最终确定的。在这个会议（过程）中，综合经营目标（投标者战略性和策略性的目标）和现有的信息，确定最终的投标价。

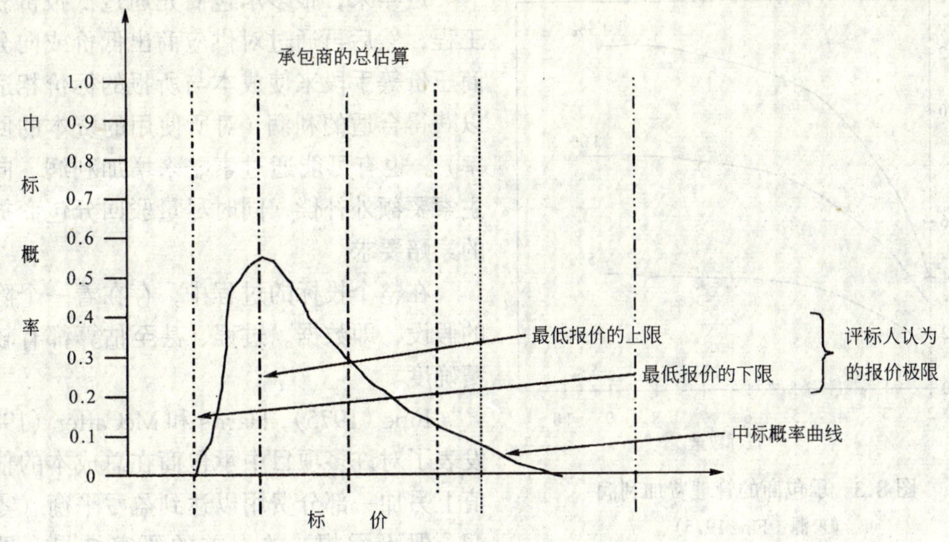

图 8.2 承包商投标的可能范围（整个范围落在概率曲线与 0 概率的标价之间）

极其低的报价用于：

- 打入一个市场（地域上的/技术上的）
- 挫败强有力的竞争对手
- 获得一个优势项目
- 赢得某一业主/咨询顾问

高报价用于

- 避免赢得项目（由于工作饱和或想避开此类项目），但仍然显示出对投标怀有浓厚的兴趣（与拒绝投标正相反）。
- 预计有高成本/大风险的因素存在
- 利用特权来获取额外利润

不管怎样，人们都想以尽可能少地低于竞争对手的报价赢得项目，从而以含有最大利润的报价得到项目。

由于标价的最后决定是管理层的决策过程，因而其核心应是确定什么样的目标和参数。当接受以上条件时，标准就是在竞争中采用最大可能性的报价来得到项目，这是短期的独立项目目标。在本着市场经济的理性做决策时，要考虑两个因素。

- 标价至少应是预计的项目边际成本
- 竞争对手中会报的最低报价

如果项目是要授予最低报价者，那么投标时只需注意提交的标价略低于竞争者的最低报价。无论项目的估算（成本）是什么样子，他应做的只是报出比最低报价者稍低的标价。

从长远来讲，任何存在于资本主义市场经济中的机构或组织，必须赢得正常的利润。因而必须涵盖所有的费用，赚取到适度的利润。凡是得到的利润低于正常利润的项目，必须用在其他项目上赚取的多于正常利润的部分来补偿，因而，从长期运作考虑费用较短期更显得重要。

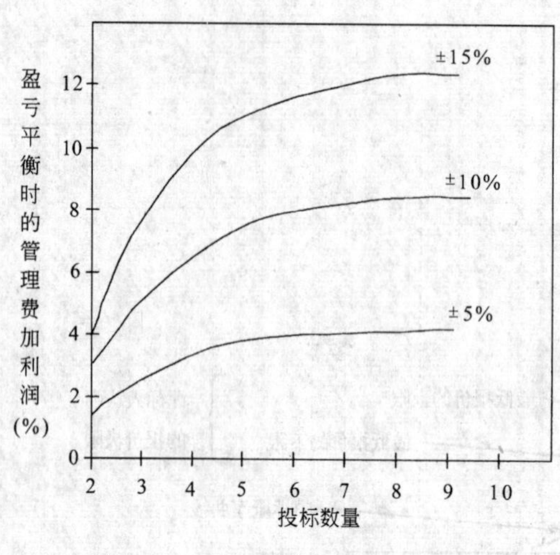

图 8.3　承包商的管理费加利润

（来源：Fine 1975）

近年来，很多承包商先通过低报价获取工程，然后再通过对供应商出低价或向分包商压价等手段来使成本与所报的标价相适应以获得合适的利润（对所使用的资本的回报率）。也有可能通过索赔来增加利润。向业主索要额外补偿，同时尽量驳回分包商提出的索赔要求。

在整个投标的过程中，存在着一个隐含的假设，即数据、过程、甚至估算都有较高精确度。

Fine（1975），Harris 和 McCaffer（1989）发表了对许多项目中承包商在总成本的估算值上另加一部分费用以达到盈亏平衡（零利润，但不亏损）的误差的研究结果。见图 8.3。一般认为误差为 5%。研究人员较为一致的观点是在单一阶段选择性招标中报价的误差为 6%。误差是以投标的变化系数来衡量的（100a/x）（Morrison，1984 对此有详尽的论述）。

三、定价及定价操作（Price Loading and Manipulations）

普遍认为项目总价包括（预测的）直接成本加上以直接成本为基础的管理费用和利润，（见《标准工程量计算规则》等文件中，也存在于《合同条件》关于价格变化的条款中）。然而，为了使项目赢利更多一些，可以利用工程内容需定价的部分来得到因费用现金流量的变化而产生的额外收益。

以获利为目的的定价模式变化的基础是折现现金流量。其原理是今天的钱比明天的更值钱，时间越往后，折现率越高（折现用的利率通常指房地产市场（或名义上的）扣除通货膨胀因素后的利率），与今天等量的明天的钱的价值就越低，即明天的钱的现值就越小。如果一个项目的合同总价已定，那么对承包商来说，在合同期限内，越早获得尽可能多的钱越有利（从业主的角度来讲，越迟付工程款越有利）。

因而，承包商普遍以“前负荷”（Front-end Load）形式为项目定价，早期执行的项目内容定价高，后期执行的项目内容定价低。但是这种作法有一定的风险：

• 假如这种定价方式太过份，太明显，将会引起业主和顾问对承包商的财务的稳定性和/或动机产生怀疑，以至于将项目授予其他的投标人。

• 假如业主/顾问对折现现金流量进行计算，会发现如果以现值为基础的话，另外一个投标人的报价会更便宜一些。

• 如果定了高价的项目内容被取消或/和定了低价的项目内容有增加，承包商的盈利率就会降低。在特殊情况下，如果估计到在施工期间通货膨胀有加速的趋势，承包商采用“后负荷”（Back-end Load）的方式会较为有利，前提是材料和其他物资可以早一点（在通货膨胀发生前）采购，而且合同还要允许在承包商购入材料后即向其支付货款（若这种作法被认为是过早，即所谓的“早熟”（Premature），承包商就得不到支付），同时保管费用不可太高。

进一步使用定价法要求承包商（结合各种具体的项目类型，业主和顾问的经验）仔细研究工程招标文件，以期望发现那些有可能变更较大的工程内容（包括那些与图纸相比较，工程量清单计算有错误的项目）。对那些有可能增加的项目内容定价高一些，那些有可能取消（或减少）的项目定价低一些。很显然，这种定价技巧有风险，但如果应用得当，会带来很大的利益。

这种定价方式之所以可行是由于项目中的定价内容在竞争性的投标中是可预知的，而每一部分的价格却很不稳定，因此评标的重点是总价而不是单个项目内容的价格，也不是现金流动的状况。但是，使用这一价格操作太多，过分明显，会使得当业主/顾问们仔细审查工程量清单或其他定价文件时发现这一点，并会排除这样的投标书或认为其不合格。投标书审查的重点包括：

• 某一投标书定价的独特之处是由于不同的生产效率、物资采购方式和估算误差引起的，还是掺入了定价操作的行为？

• 定价的不同和操作有很大的联系吗？业主准备冒（可能的）风险，将项目以最低价格出让吗？注意最低报价者和次低报价者之间的区别。

像英国的投标程序条例中规定的那样，越来越多的业主要求将工程量清单（和其他一些定价文件）与投标书一起提交，而不是在业主/顾问有这样的要求后的几天之内提交。这样做是为了避免投标书之间互相冲突并且尽量限制定价的操纵或修改，以确保项目的利益不受侵害（投标者或许会探听到一个很低的报价，然后调整其工程量清单的定价，使得修订后的标价低于现有的低标价，给人一种原标价出现了计算错误的印象，投标者抛出这样的低标价就有可能赢得此项目）。

大部分的定价及操作是正当的商业行为，存在着部分风险，并且是在市场经济条件下对企业运作的一种决策。然而在大多数国家里，公司间的“冲突”如固定价格，分配项目，被认为是与公众利益相抵触的，因而会立法防止这些现象的发生并且一定要惩罚那些铤而走险的人。再者，探听到别人的价格后，改变自己的定价，是一种欺诈的行为（违反了法律）。一般的，投标书及其组成应当是真实的，即指它是承包商在递交投标书时所做的一种内部经营决策而不受竞争对手的影响。

第5节　谈　　判

谈判（讨价还价）（Striking a Bargain）是签订合同的核心也是商业交易的精髓。讨价还价可以被认为是谈判的一种形式，经常要牵扯到一段时期的谈判。然而在建筑业中，讨价还价则通常指单一阶段竞争性投标，即密封的标底拍卖（Flanagan 和 Norma，1989），竞争者依据招标文件，对项目提出报价。通常的标准是价格，但正如上所述，其他因素也影响投标者和业主/顾问对最终选择的决定，即各种价格的和非价格的因素。

由于基本的投标的决定标准是钱（标价），为了便于决定（怎么定标底，选择哪个标），不同的价格和非价格的因素都必须转换成钱的数值，以便在同一基准上进行评价。多重属性的应用分析技巧对此适用，但转换成钱的数额必须由决策者来决定，因而这种转换会因个人对非金钱因素（资本）理解的差异而有所不同。

在市场经济条件下，讨价还价时需分析三方面的因素—卖方、买方、买卖双方。需要运用经济的理性行为方式这一重要的假设，即人们在外部因素的作用下，总是尽力满足使用功能或利益的最大化；假如支出保持稳定，人们就会购买尽量多的东西。然而，卖家会为某一商品定一个最低的价格，低于这个价格，他将不会出卖这件商品。因为对卖方来讲，此时的这件商品就值与最低的价格相当的金钱。购买者将会定一个购买此物的最高价格，即对购买者而言此物品使用价值的货币替代值。只有买者的最高价超过卖者的最低价，交易方可达成，买卖才可在这两个价格范围内实现（实际价格取决于买卖双方谈判的力度和技巧），见图 8.4。若卖方的最低价高于买者的最高价，交易就不会达成（因而销售不会实现）。

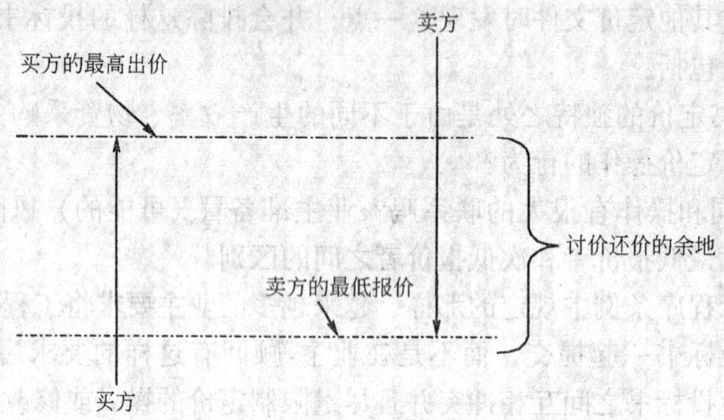

注：如果卖方的最低价高于买方肯出的最高价，就不会成交。

图 8.4　讨价还价

由于工程投标是“盲目的”，买方的最高价位只在招标邀请中有所显示，也许是最初的询价，即在这个价格内规划该项目。

投标时要明白其他的竞标人也同样知道这个价格，因此要考虑下面的问题：

• 多少竞争者有可能涉足此项目，他们中有多少会提交“真实”标，即有多少想以低报价获取项目；

• 竞标者过去是如何投标的（特别是特定的投标者对类似项目所投的标或成本预测）；

• 某一投标者想获得该项目的愿望有多强烈。

以上前两条适用于以买方的价格决定可能的最低竞争标价，最后一条适用于决定投标人自己的标价。

当然，如果情况允许（在直接选择、谈判、两阶段（或多阶段）招标中），谈判将决定项目以何种实际价格发包的（初期）合同总价。在不同形式的选择性竞争招标中，对投标人的预选将消除投标人之间除标价以外的所有差异。在公开招标中，投标者之间所有的不同点都存在。业主或顾问在授与项目之前，应将这些不同点作为考察和评估投标书的一部分内容。

人的因素是任何决策过程中最至关重要的，无论决策者是乐观型的（敢于冒风险者、赌博者）或悲观型的（风险规避者）。这是经济理性化的另外一种表述，就是说任何人都愿意在风险水平一定的情况下得到更多的回报；或在回报一定的情况下冒最小的风险。具体到项目价格的确定，对于特定的项目来讲，业主愿意让价格低一些，而承包商和顾问相对于他们的投入来说则愿意价格高一些。

在项目投标时还有两个重要的更深一层的问题：

- 参与项目的人员对项目功能的发挥有什么影响？
- 如何评判投标表现？

对管理来讲，人是第一位的，人们都认为管理是“做出并实施与人有关的决定”。数据资料和历史信息是用来支持将来与人的行为有关的决策的；决策影响不了过去。人们既是执行决策的主体，又是决策的客体。

这一观点既强调生产管理又强调营销，资源的调配是用于满足由市场机制表现出来的人们的需求。

在考虑投标时，Fine (1975) 提出了一个简单的但富有成效的具有评判力的方法，该方法仅需要得到投标人能够获得的数据资料。

实际的分析分为两个步骤：第一，自己的报价，用一系列的百分比（按1%递增或递减）进行调整。在每一种的情况下，留心计算出的总标价，并计算出总利润，提高投标价，承包商获得的利润就会增大（如果他仍然可以拿到项目的话）。但他不一定能赢得其他的项目，因为他的标价有可能比其他竞争对手的标价高（反之亦然）。第二步，通过标价中的成本来计算自己的利润，最大的利润和原因同样要记下来。

接下来的问题是：哪一个的利润数额最大，它是怎样产生的？

如果实际的投标产生出最大的可能利润，这表明该承包商对市场运行的判断是合理的（在指导性的条款上可能是正确的），但缺乏对市场水平的判断。若对实际投标正方向的调整产生出最大的可能利润，他的判断过于悲观，相反则过于乐观。然而若在预测成本上再增加一个百分数而产生了最大的可能利润，那么承包商对市场的判断就太糟糕了！他需要很多的市场研究工作来弥补这一缺陷。

Fine (1975) 的研究同时也提出了什么决定项目价格这个问题。他提出了“社会可接受的价格”这一概念，这是对某特定形式和标准的项目应花费多少的比较一致的观点，而不管某个具体项目的情况或标准。这个概念进一步加强了这样一个观点，就是建筑市场上的各种力量，而非对建筑产品真实成本的考虑，决定了项目的价格。

所以，尽管有十分完善的成本（费用）/价格估算技术和市场评估方法，但似乎是某一个人的意见和看法决定了项目应当给谁和以什么样的价格给他。如果成本（费用）的作用很大的话（如 Uher 1990 年的报告所述），那么就应该是主要的分包商和供应商通过对不同的总承包商报出不同的价格来决定项目的最终获得者。

思考题

1. 分析比较公开招标和单一阶段选择性招标的异同点。
2. 论述增加投标数量对承包商盈利能力的影响。
3. 解释为什么要求承包商在递交投标书时要一起递交估价的工程量清单和项目管理人员的履历。
4. 如果采用公开招标，请简述并讨论怎样评标。
5. 讨论工料测量师在下列招标方式过程中的作用：

   A. 公开招标；

   B. 单一阶段选择性招标；

   C. 两阶段招标；

   D. 目标成本招标。

6. 评估在向承包商分配工程内容时质量的作用。
7. 论述“估算+标高金=价格”并不一定对施工项目很合适。
8. 解释承包商为什么、怎样对施工项目进行定价。

参 考 资 料

1. Banwell Report (1964), The Placing and Management of Contracts for Building and Civil Engineering Work, London, HMSO
2. Bennett, J. (1982), Cost Planning and Computers, in Brandon, P. S. (Ed), *Building Cost Techniques: New Directions*, E & FN Spon, pp 17-26
3. Fellows, R. F., Langford D. A., Newcombe, R and Urry, S. A. (1983) Construction Management in Practice, Harlow, Longman
4. Fine, B. (1975), Tendering Strategy, in Turin D. A. (Ed), *Aspects of the Economics of Construction*, London, George Godwin, pp 202-221
5. Flanagan, R. and Norman, G. (1989), Pricing Policy in Hillebrandt, P. M. and Cannon, J (Eds), The Management of Construction Firms: Aspects of Theory, Macmillian, pp 129-153
6. Friedman, L. (1956), A Competitive Bidding Strategy, *Operational Research*, 44, pp 104-112
7. Gates, M. (1967), Bidding Strategies and Probabilities, *Journal of the Construction Division of the America Society of Civil Engineering* (*ASCE*), 93, C01, March, pp 74-104
8. Gray, C. (1983), Estimating Preliminaries Building Technology and Management, April, pp5
9. Harris, F. and McCaffer, R. (1989), Modern Construction Management (3rd Edition), Granada
10. Morrison, N. (1984), Accuracy of Quantity Surveyors' Cost Estimates, *Construction Management and Economics*, 2, pp 57-75
11. NJCC, National Joint Consultative Committee (1989), Code of Procure for Single Stage Selective Tendering, NJCC Publications, London, National Joint Consultative Committee for Building
12. Perry, J. G. and Thompson, P. A. (1982), Target and cost-reimbursable construction contracts, Report 85, London, Construction Industry Research and Information Association
13. Uher, T. E. (1990) The Variability of Subcontractors' Bids, Proceedings CIB90, *Building Economics and Construction Management*, Vol.6, University of Technology, Sydney, pp 576-586

第9章 施工阶段的费用控制

本章首先介绍了费用控制的概念，然后阐述了现金流量模型和分析方法，最后着重说明了施工融资的风险及企业财务运转状况评价的手段。

第1节 费用控制的概念

为了实现控制，就需要用判断来对执行计划的情况进行调节。要清楚地理解和表述实施标准，而且要用合适的可以测量的单位来描述各种标准。

过程控制有三个组成部分：

• 信息收集系统（Detector）。它有自己的实施标准，若有任何偏差超出了这些标准，该系统就会发出信号。

• 信息传递系统（System of Communication）。它提供的是准确无误地传递信号的途径，这是一个关键的反馈系统。

• 反应系统（Reactor）。它对信号做出反应，发出纠偏指令。如果没有及时的纠正措施，偏差就要继续下去，这就是所谓的"失控"（Out of Control）。

在一个机构中，董事会必须定期向股东们汇报机构的财务运行状况，必须找出盈利和亏损的原因。因此必须引入一种反映费用控制的方式，使得在每一个会计周期内，所有偏离计划的情况都能够检查出来，并能纠正那些不理想的执行情况。

施工收入大部分已由期中的和最终的决算所决定。款项的支付就像 Cooke 和 Jepson（1979）所描述的那样具有合同的契约性保证。若要对已完工项目的价值进行质疑，只需要对那些高于或低于原定价的项目内容和需商谈的项目内容如变更或索赔进行审查。在另一方面，成本是由许多小的项目内容组成的，在合同期限内很难受合同条款的约束，它受市场、现场施工、材料的贮存、劳资关系、现场和季节的影响，也就是受管理效率的影响。人工费是按周计付的，按合同分包的工程是按月计付，材料费以一个月为结算周期。供应商的赊帐是节省财务费用的一个来源，会计可以控制开支的很大一部分，在累计负债和支出之间会存在一个较大差额。

为了判断一个合同的状况，各种用于比较的数据应该始终在价值和费用上相一致（Cooke 和 Jepson 1979，Fellows 等人 1983）。按周支付的工资或许因日历月的原因而与即付的帐款发生重叠。一些管理费用按季度结算，其他如贷款的利息则是到期支付。

合同额是人工费、材料费、机械费和管理费用的合计。建筑公司通过一系列不同大小、类型和地点的合同开展和维持其生产。每一个合同都需要各个工种和施工机械的连续投入。在一些国家，如英国，往往拖欠已完工的工程款项，建筑公司起码要在合同的前期自筹资金，有时则需要筹集全部的资金，直到整个项目完成，得到返还的质量保证金（Retention Monies）为止。

在大多数情况下，项目是通过竞争获得的，因而，难以保证成功，并且施工资源和投入的时机都受制于公司以外的客观条件。对资源（财务资金、熟练工人、施工机械）的需求，有高峰，也有低谷。对某一方面需求的平衡，可能会使其他方面的情况变得更不好。

公司在做预算时，要综合考虑几方面的情况：

- 已完工等待最终结算的项目；
- 正在施工的项目；
- 已拿到但尚未开工的项目；
- 通过努力有可能拿到的项目；
- 为了使公司的资源得到充分有效的利用，还需多少项目（即营销的努力目标）。

商业预测的有效期时间很短，但是承包商们所接手的项目却有可能持续几年，对这样的项目，只能做出一个一年期的预算，并对其逐月进行监控，若有必要还要对预算进行修正。有的公司三个月修正一次，有的则是六个月一次。

在预算体系里，与费用预测和控制互为补充的是对收入的预测和控制，在建筑业中，为了使合同与支出和收入相协调，一定要进行收入的预测。

收入预测可分为两个分支，即合同前与合同后。在合同签订前，这一预测可以不十分具体，而在签订合同后，预测必须以每一个具体项目的实际情况为基准。

合同前预测具有普遍性，它基于一般的项目模型，而合同后预测则需考虑每一个具体的项目。因而合同前预测只是提供一个收入与支出的参考，而没有必要考虑某一个特定项目的特殊性（因为能否承担该项目还很难说）。

执行中的项目都有诸如施工计划（Programmes）、物资供应计划（Materials Schedules）、工资表（Payroll Records）等形式的文件资料。现场应保存物资发放记录、发票、分包商的进度及其他资料，以使项目给人一个完全可靠的印象。因此当收入冲减支出时，经逐一核对就可以发现那些不对的地方。

事实上，有些合同的履行情况要比其他的好。预算计划（Budgetary Planning）允许对每月的收入和支出有一个波峰与波谷的预测，它的实效性取决于模型的有效性，研究指出对每一特定类型的项目都有一个合适的 S 曲线。四分之一累积数值占据了合同的前三分之一时间，另一个四分之一，占据了末尾的三分之一时间，其余二分之一的累积数值发生在合同的中间三分之一。前一段和后一段的曲线形式为抛物线，如图 9.1 所示。

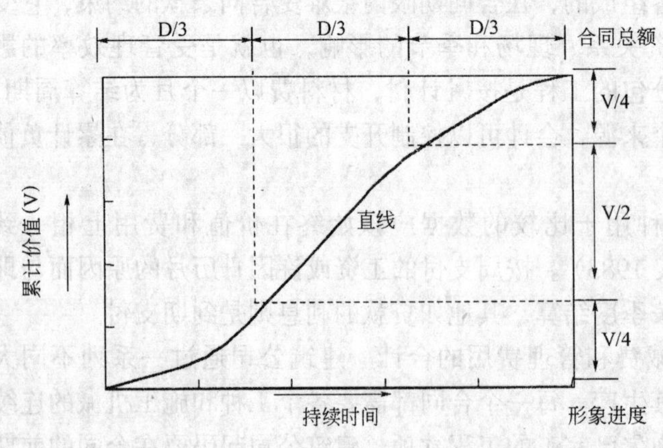

图 9.1　S 曲线

第2节　现　金　流　量

一、现金流量模型（Cash Flow Models）

众所周知，资金缺乏流动性是企业清算或破产的一个常见原因，因此，现金流动对大多数建筑合同好象是“生命血液”一般，尤其是在建筑业界，由于其自身的资产规模较小，而通过合同期间的款项支付却会产生一个很大的并且很不稳定的现金流量。

因为资金累计是机构财务管理的重要部分，现金流量分析对项目管理的许多方面起到了辅助作用，现金流量状况是费用控制的最有用的工具之一。项目的现金流量模型能够对合同收入和支出进行预测，时间通常是按月计算，这样可以与正常的商业会计周期相一致。

在现金流量模型中，流入是指收入，流出是指支出。在施工项目中，承包商的收入来自于月进度付款，支出通常是工资、材料费、管理费、利息和其他服务费。

显然有许多变量影响着现金流量，与其他行业中的预测一样，现金流量预测只给出了一系列的数字而不考虑其中的变化。

现金流量预测越有针对性，它的精度就越好。因此要考虑哪些变量有可能，或者换一句话说，哪些变量确实对现金流量状况有着最大的影响。但是有关现金流量模型的研究并没有涉及此类问题，相反，却在试图通过对众多的实际项目的研究找出一个现金流量的预测模型。有可能对项目的现金流量模型产生较大影响的变量有：

- 项目类型（功能）(Project Type)
- 项目规模（Project Size)
- 合同类型（支付条款）(Contract Form)
- 采用的定价方式（荷载法定价）(Pricing Method Used)
- 项目所利用的各种资源的组合（分包合同等）
- 施工方法（Construction Methods)
- 施工计划（Construction Programme)
- 通货膨胀（加上固定或可变价格的合同）
- 计价（可操作的范围）(Valuation)
- 项目中的人际关系
- 变更（Variations)
- 天气和其他外部条件（Weather and other Externalities)
- 索赔（Claims)

对于国际项目，汇率（Exchange）的波动会带来一些特殊问题。

通过模型的建立，虽然只能对一般项目的现金流量做出预测，但是如果对可能发生的变化因素考虑得很周全的话，这样得到的现金流量仍不乏其有用的一面（如预测某一组织的财务资金需要）。但是如果现金流量的模型要用于进一步的项目控制，如像有些人提倡并实践的那样，用它来监控实际的现金流量，然后作比较以得出最终的完工日期，则这样的模型就要有较为可靠的可信度。

例如 Hudson（1978）的模型公式是：

$$Y = S\left[x + Cx^2 - Cx - \frac{1}{K}(6x^3 - 9x^2 + 3x)\right]$$

式中 Y——完成的项目内容按月累计的价值，不计押金和价格浮动；

$$x = \frac{m}{p}$$

m——发生支出的月数；

p——总的合同月数；

S——合同总额；

C 和 K——系数。

系数（C，K）可以从表中查到，并随着项目的合同总额大小而变化，尽管这个公式是根据并针对医院建筑而提出的，但有人认为它也适合于其他类型的施工项目。

项目的现金流量模型变化很大，有的是在施工期间上的一条价值累计曲线，有的则是利用计算机绘制的复杂的曲线。为了找出一个能对项目的现金流量提供精确预测的数学模型，人们已经付出了大量的心血和劳动。

虽然模型各有不同，但大多数仍然采用项目过去的时间和总工期之比的三次方的形式来确定项目的价值、成本或者现金流量的比例（人们一般关注的是价值与合同总额的比例，而不是承包商的成本支出）。总的说来，现金流量曲线是一个单调增加曲线：即 S 曲线（见图 9.2）。

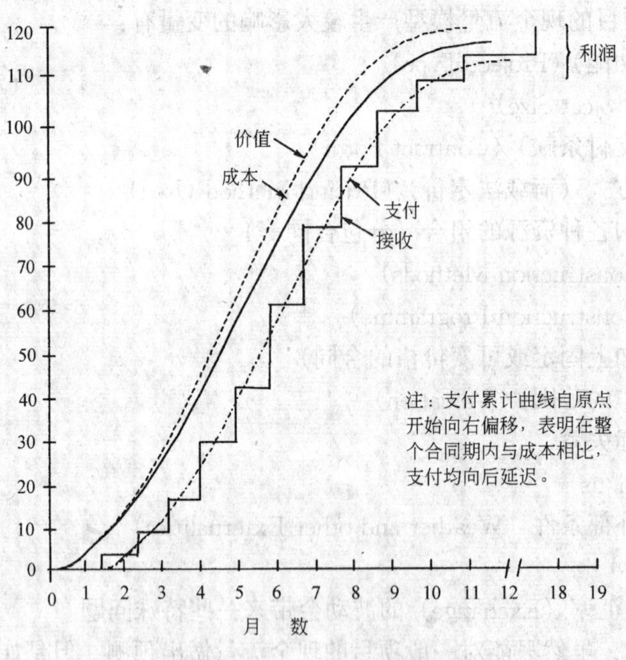

图 9.2 S 曲线分析

（来源：Fellows 等人 1983）

S 曲线在 Cooke 和 Jepson（1979）的著作中有详尽的论述，并由 Hudson（1978）应用在了康复项目中。Cooke 和 Jepson 使用的仍是一般的项目模型，在这一模型中，价值累计是以项目中成本的累计为基础的。合同前的费用已分摊在管理费中 。

对于一般的项目，成本累计的假设是：

• 工期的前 1/3 阶段，成本以抛物线形式增长，直到 1/3 的工期时达到总值的 1/4。

• 工期的第二个 1/3 阶段，成本以直线形式增长，直到 2/3 的工期时达到总值的 3/4。

• 工期的最后一个 1/3 阶段，成本的增长曲线与前 1/3 阶段的曲线相对称，到施工完成时达到总成本的 100%。

依据这一累计方式，能够很容易地运用计算机得出累积的项目成本支出和价值。利用普通的曲线表达式，S 曲线可表达为：

$$y=\frac{9x^2}{4} \qquad 0\leqslant x\leqslant\frac{1}{3}$$

$$y=\frac{3x}{2}-\frac{1}{4} \qquad \frac{1}{3}\leqslant x\leqslant\frac{2}{3}$$

$$y=\frac{9x}{2}-\frac{9x^2}{4}-\frac{5}{4} \qquad \frac{2}{3}\leqslant x\leqslant 1$$

这里 x 是项目工期的累计比例（$0\leqslant x\leqslant 1$），y 是项目成本或价值预算的累计比例（$0\leqslant y\leqslant 1$）（这是由 Hudson（1978）提出的模型，与上述的公式有略微的不同，但是主要用于康复项目）。

预测也可以用手工进行，或者采用以上给出的公式或单纯利用图形，中间部分（1/3 周期 1/4 成本到 2/3 周期 3/4 成本）是一条直线，前面和后面的部分由手绘出。从基本的成本 S 曲线，可以得到价值 S 曲线和实际的（延迟的和分步的）收入曲线（见图 9.2）。更复杂的情况是考虑付款延迟的因素（通常是加权平均值），这样最后绘制出的曲线和表格可以更精确地预测现金流量。由此获得的信息可进一步对项目长期的和短期的资金需求做出一个明细表（这些情况对于公司决定是否参加投标以及对每个项目资金控制很有价值。QD）

项目的价值累计与成本累计一样，不过是在成本上增加了管理费和利润。当然从价值累计方式得到成本累计与从成本累计得到价值累计的方式是一样的。最简单的形式，仅需要价值（或成本）、利润和建设工期即可进行现金流量的预测。

上述 S 曲线分析是针对一般项目而言的。每一类项目、每一机构均有其自身的特点，各机构可在 S 曲线的基础上，研究得出自己的预测方法，使其适合自身的项目类型、工作方法和组织模式。虽然 S 曲线预测是较为精确的，但也只适用于项目前期的预测。

更好的、精确度更高的方式是在投标阶段，以大的费用组成为基础对项目计划进行成本预测和定价，准确地说或许是在施工阶段的实际操作中进行（这两阶段要求的精确程度不同）。相对于 S 曲线，运用这一方法预测需要更多的信息，并要花费更多的时间，但它的优势是针对具体的项目。当前大部分工料测量师在项目的初期采用这一模式来对项目做初步的概算。

二、*S* 曲线分析（S-curve Analysis）

S 曲线分析可以以成本或价值为基础进行，在以下的例子中使用的是成本。现金流量的计算见表 9.1 和表 9.2 所示，现金流量曲线如图 9.3 和图 9.4 所示。

（说明：如果价值是成本之上再加 10%，那么成本是 10/11 的价值，而不是 90%的价值。）

设 1 年工期项目的估算直接费用为 £100000

管理费为 10%×估算

利润为 5%×成本

现 金 流 量 计 算 **表 9.1**

(A) 月数	(B) 过去时间的累计比(%)	(C) 完成工作量累计比(%)	(D) 成本累计	(E) 当期成本	(F) 现金流出	(G) 价值累计	(H) 质保金累计	(I) 净价值累计	(J) 每月净值	(K) 每月现金流入	(L) 累计流出	(M) 累计流入	(N) 净现金流量	(P) 最大现金流量	(R) 净现金流量	(S) 最大现金流量
0.5	4.20%	0.40%	440	440									-440	-440		
1	8.30%	1.60%	1760	1320		1848	92	1756	1756				-1760	-1760		
1.5	12.50%	3.50%	3850	2090	440					1756	440	1756	-2090	-3850	1360	-440
2	16.70%	6.30%	6930	3080	1320	7277	364	6913	5157		1760					
2.5	20.80%	9.70%	10670	3740	2090					5157	3850	6913	-3757	-8914	3063	-2094
3	25.00%	14.10%	15510	4840	3080	16286	814	15472	8559		6930					
3.5	29.20%	19.20%	21120	5610	3740					8559	10670	15472	-5648	-14207	4802	-3757
4	33.30%	25.00%	27500	6380	4840	28875	1444	27431	11959		15510					
4.5	37.50%	31.25%	34375	6875	5610					11959	21120	27431	-6944	-18903	6293	-5648
5	41.70%	37.50%	41250	6875	6380	43313	2166	41147	13716		27500					
5.5	45.80%	43.75%	48125	6875	6875					13716	34375	41147	-6978	-20694	6772	-6944
6	50.00%	50.00%	55000	6875	6875	57750	2888	54862	13715		41250					
6.5	54.20%	56.25%	61875	6875	6875					13715	48125	54862	-7013	-20728	6737	-6978
7	58.30%	62.50%	68750	6875	6875	72187	3609	68578	13716		55000					
7.5	62.50%	68.75%	75625	6875	6875					13716	61875	68578	-7047	-20763	6703	-7013
8	66.70%	75.00%	82500	6875	6875	86625	4331	82294	13716		68750					
8.5	70.80%	80.80%	88880	6380	6875					13716	75625	82294	-6586	-20302	6669	-7047
9	75.00%	85.90%	94490	5610	6875	99214	4961	94253	11959		82500					
9.5	79.20%	90.30%	99330	4840	6380					11959	88880	94253	-5077	-17036	5373	-6586
10	83.30%	93.70%	103070	3740	5610	108223	5411	102812	8559		94490					
10.5	87.50%	96.50%	106150	3080	4840					8559	99330	102812	-3338	-11897	3482	-5077
11	91.70%	98.40%	108240	2090	3740	113652	5683	107969	5157		103070					
11.5	95.80%	99.60%	109560	1320	3080					51547	106150	107969	-1591	-6748	1819	-3338
12	100.00%	100.00%	110000	440	2090	115500	2887	112613	4644		108240			-7188		
12.5					1320					4644	109560	112613	2613	2613	3053	-1591
13					440						110000				2613	2613
18								115500	2887	0						
18.5										2887		115500	5500	5500	5500	5500

注：B 列由直线模型得来；C 列由典型 S 曲线函数得到；F 列来自于 E 列但推迟一个月；K 列来自于 J 列但推迟半个月；M 列减 D 列得到 N 列；在得到付款之前资金的需求量最大；R 列和 S 列与 N 列和 P 列对应，只是由 L 列替代了 D 列。

项目的支付证书是按月进行的（通常是日历月）

支付是在签证后两个星期后获得。

承包商的加权平均延迟付款时间为1个月（见表9.2）

质量保证金（Retention）按5%计；其中一半在项目完工时支付，另一半在质量责任期满后支付。

质量责任期（DLP－Defects Liability Period）为6个月

假定：1个月有四个星期，不计节假日

项目成本＝￡100000×1.1＝￡110000

项目价值＝￡110000×1.05＝￡115500

加权推迟付款时间的计算 **表9.2**

付款内容	支付间隔	平均推迟（周）	占工程费用的百分比	加权平均推迟的时间（周）
操作工人工资	按　周	5/6	10	0.08
按月支付工人的工资	按　月	2	5	0.11
内部供应商	按JCT的规定＋＋	6.5	20	1.3
指定供应商	按JCT的规定＋	6.5	15	0.98
劳务分包商	按　周	0.5	10	0.05
内部分包商	按　月	2	14	0.3
指定分包商	按JCT的规定＋	4.75	20	0.95
机械设备租赁	按月	2	5	0.11
				3.88

注：3.88周近似于0.9个月；

＋JCT：Joint Contracts Tribunal UK；

＋＋按JCT的指定分包商的规定。

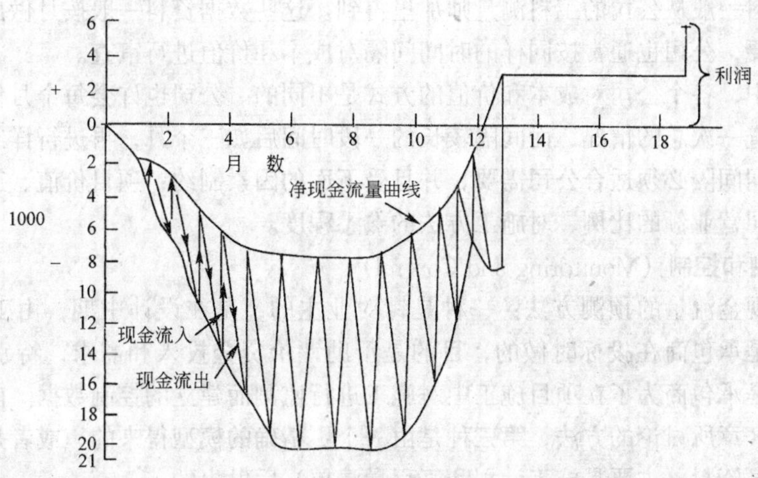

图9.3　现金流量曲线

图9.3和图9.4的说明：

1. 净现金流量和最大的现金流量可由相关的S曲线直接确定。

2. 在横坐标与净现金流量曲线之间的部分（净现金流量曲线位于横坐标之下）表示项目所需的长期贷款。

3. 最大现金流量曲线（横坐标下方）与横坐标稍下一点的净现金流量曲线之间的部分表示项目需要的短期贷款。

4. 当净现金流量曲线和最大现金流量曲线均在横坐标之上时，项目才不需要贷款。

5. 在图示的例子中，承包商推迟付款（平均1个月）降低了项目对长期贷款的需求。

6. 直到项目全部完工，承包商得到工程款后，才不再需要为该项目贷款。

7. 承包商的推迟付款也极大地降低了项目对短期贷款的需要。

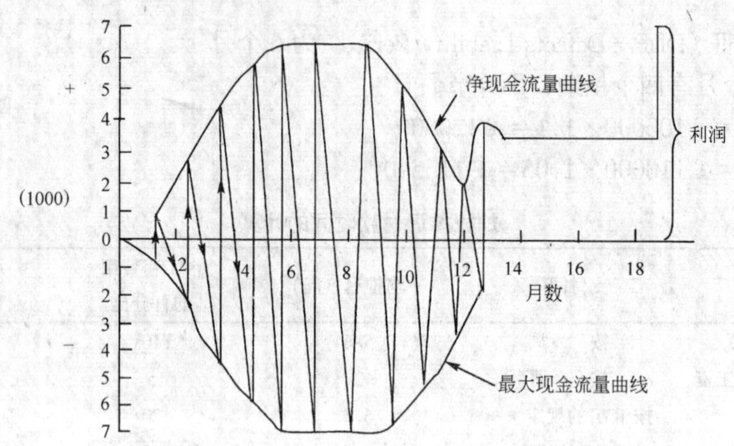

图 9.4　支付推迟情况下的现金流量曲线
（参阅图 9.3 中的说明）

从 *S* 曲线和计划分析得出的预算为公司监测和控制自己的经营行为提供了一个基本的框架。这个监测和控制方式对成本和价值都适用。

通常是由会计部门提供材料、工资、薪水等有关的数据；由执行运作的费用工程师提供成本数据；工料测量师提供与分包商相关的数据；管理费是一项单独的支出，看作是直接施工费用的一个百分数。

价值资料一般从公司的工料测量师那里得到。这些数据资料一般按月做出以满足估价和签证的需要，公司也通常按同样的时间间隔对成本和价值进行审查。

在审查中，各个公司对成本和价值的方式是不同的。公司也许会每个月仔细审查一回或每个月审查一次总的情况，而间隔较长的一段时间后如三个月，再进行详细审查。这里所选择的时间间隔必须适合公司需要，并且受下面的因素制约：项目价值、工程进度、项目价值占公司营业额的比例、对施工方法的熟悉程度。

三、监测和控制（Monitoring and Control）

有三种现金流量的预测方法：一种是针对业主的，是在设计中期，由工料测量师实施；第二种是承包商在投标时做的，目的是帮助评价资金投入和需求，特别是透支的能力；第三种是承包商为了在项目施工中对施工进行监测而建立的控制数据。前两种预测是第 7 章和第 8 章所讨论的方法，第三种是由一个更精确的模型得来的，或者是在得到项目的更多的信息资料（主要是施工计划和工程量清单）后做出的。

承包商可以有两个途径获取现金流出的情况。第一种是针对利润而对现金流入进行调整，另一种是利用施工计划加费用估算数据而做出现金流出。在运用前一种方法时，要记住费用加上 10%的管理费和利润而得出的价格减去 1/11（即以 100/110 乘以价值）才能得到费用支出。

对一个承包商来讲，现金流入有其固有的变化特性（如第8章所讨论的），同时也可以进行人为的操纵。因此可能在业主及其顾问评价承包商的报价时暴露出这些问题。为了更有利于标价评估，业主及其顾问会在招标阶段要求更多的信息资料（项目计划、现金流量预测、工程量清单等）。有些合同（如设计加施工）根据工程的进展，会在对合同总价分析或分阶段支付的基础上采用别的价款支付方式。

从各种现金流量模型来看，一般的施工项目只有到了项目的后期才能达到收支平衡，在这之前，承包商要借贷大量的中短期贷款（图9.5）。承包商操作定价（前负荷或后负荷）的原因有二：降低自己的资金投入和提高项目的盈利能力（更准确地说是承包商自己的盈利水平）。由于短期贷款更有利，所以一个公司应最低限度地使用长期贷款，在任一时间点上，项目所需的最大累计现金流量减去可以使用的短期贷款（包括可能的透支能力）就等于公司应该使用的长期贷款。

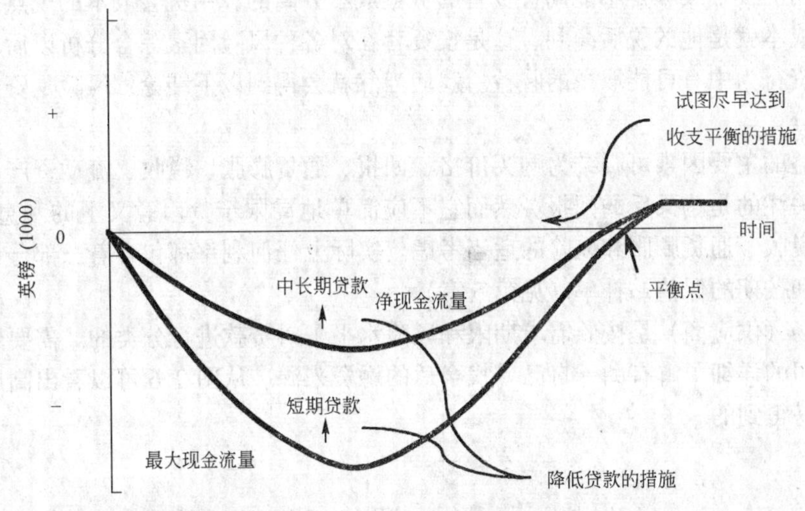

图9.5 贷款与现金流量曲线

说明：当曲线在横坐标（*X*轴）下面时，说明需要贷款。贷款数额乘对应的利率就是融资成本。

另一个增加现金流入的方法是想办法增加项目内容的价值。因为用期中付款计算工程量的方法不是十分精确，所以增加项目内容的价值不是十分困难的事情。对于分阶段付款，因阶段的划分很明确，增加工程价值的可能性不是很大，但如果阶段的划分不是特别精确，也存在着比实际付现更早获得阶段付款的机会。

现金流量是很重要的，可现金流量的预测模型却不是十分精确。Lowe（1987）研究了几种现金流量的建模过程后，提出现金流量"封闭图"（Cash Flow Envelope）（Woollett 1978）是切合实际的，但在实际中它内部的变动性是一个问题（另见 Fellows 等 1983 的文章）。确实有很多精确的公式模型存在，可是因为它们的复杂性，反而不实用。这就是说，若小心一点，现有的比较粗的预测方法仍是可用的。随着项目的进展，会有更多的数据和信息可资利用，从而提高现金流量的预测精度。

第3节 施工融资

一、融资的风险（Risk in Financing）

一个公司的资本结构受各种可变因素支配：经营领域、可用资金和资金的来源、管理人员和投资者的直觉和观点以及（也许是最重要的）各种资金来源的资金成本。

在某个经营领域中，对各种类型的公司使用比较管理技术会看出，决定一个公司的实际资本构成的主导因素是资金成本。在建筑业中，资本构成是不同的：例如一个房地产公司可能有很大比例的固定资产；一个预制混凝土生产厂家不但有相当数量的固定资产，也有一定的库存和制造中的产品；一个总承包商有总部的固定资产、场地和设备之类的固定资产，还有大量的在建工程。因为不同类型的公司需要不同的资本结构以适应其生产经营的需要，所以资金成本就成为资本结构首要的决定因素。

一家公司的资金成本是不能同投资者的资金成本分离的，用机会成本的观点来看，投资者的资金成本就是他的税后净利，这是投资者在对各种风险因素综合分析以后认为可以在另一个投资行为中有可能取得的收益。我们当然就会得到以下结论：风险是资金成本的重要组成部分。

影响收益的主要因素可归结为购买价格、回报、通货膨胀、税收、流动资产、债务和风险。收益关注的是购买后的回报。然而它不应简单地局限于货币意义上的利息或股息，而应包括对税收、通货膨胀和风险的适当考虑。实际上任何利率都包含着三部分：通货膨胀率，风险和按期的保值贴补率（见第5章）。

金融市场（供应商）是按照需求期限和风险水平来对贷款进行分类的。需要融资的机构对融资公司的详细了解有助于自己寻找合适的融资来源。从图9.6可以看出高风险的的融资是不容易得到的。

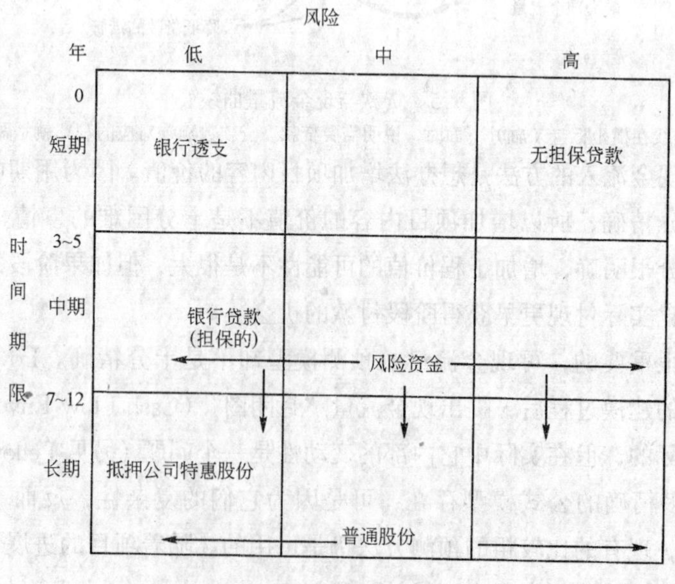

图9.6 融资“风险—期限”矩阵

无担保的贷款数目较小，而且基本上来自于家庭成员（这也许并不便宜）。为了减少高风险项目借贷的风险，通常的作法是以固定资产如房屋做抵押（房屋的价值是保值的），以获得定期的贷款。另一种可供选择的担保方式需要企业所有者的个人资产如房屋作抵押。

随着经营范围的扩大，企业不仅要树立自身独立的合法的企业形象，同时也要寻求可靠的投资。大型建筑公司常常要承担高风险的工程项目，因而确实需要引进高风险的融资。可是大量的高风险融资又是不切实际的，采取融资过滤来确保所需投资不失为一个好办法。

融资过滤（Financial Filtration）是化解风险，筛选资金提供者（投资者）的过程。《Portfolio Analysis》指出综合风险不只是简单的单个风险的累计（或成绩），而是受风险的表现形式和相互间的作用影响，即（通过相互变动）在总体风险基础上产生的风险增加。当一个项目的风险较高时，承包商可以一定的（固定的）资产做抵押（担保）得到所需的资金，贷款风险就可能被化解。因此，投资者不会有很大的风险（即便对现在的投资者风险有可能稍微增大）。总之，通过承包商提供的情况进行分析，单个项目的融资风险可以降下来。

国际上主要的建设工程项目的类似融资安排，是金融机构向一国的政府提供贷款（国家投资），然后由政府部门单独向一个项目投资。因为直接对项目融资风险是很大的。

进一步降低风险的做法是通过建立合资企业，几个承包商可以为一个主要工程项目组成一个合资公司（如香港 Chek Lap kok 赤蜡角机场一期工程是由许多合资公司建设的）。合资企业是一个独特的实体，以各自独立的又共同拥有的公司形式存在，在协议的基础上融资、承担风险、执行项目和分配利润。为投中某个国际项目，往往由几个金融财团组成的联合体提供一揽子的融资计划，然后由投标的承包商来安排资金的使用。降低风险的措施（如在英国由出口信贷保证部提供），对于获得资金和降低投资成本都是很重要的。

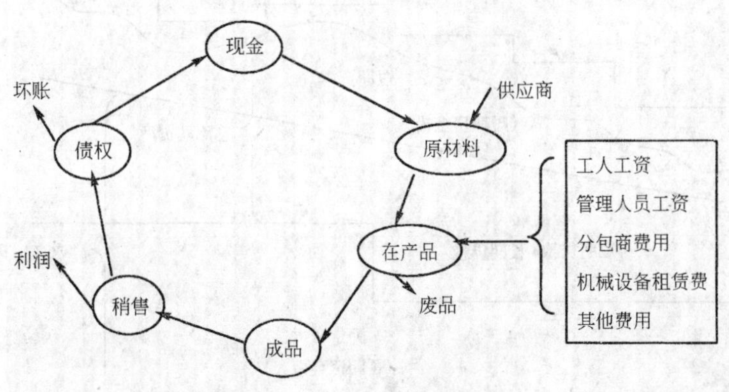

图 9.7　流动资金循环示意图

在图 9.7 中，损耗（怠工、失盗等）是成本增加的因素，从而增加了所需的流动资金，不良欠款和其他类似的情况，则减少了流通中的资金。应得收入的减少意味着必须从其他的途径投入更多的资金。

二、资金需求水平（Levels of Financial Requirements）

通常将资产（Assets）和负债（Expenditures）与一定的资金来源结合起来，固定资产

(Fixed Assets) 是由业主的投资和长期贷款形成的，而流动资产（Current Assets）则由流动负债来支撑。

净流动资产或净流动资本（Net Current Assets）是总的流动资产减去总的流动负债，这来源于长期资本，如投资者的投资，这种投资为商业活动提供了一个流动的基地，而流动资产则提供了清偿能力。

尽管各有不同，但是项目的现金流量却提供了一个通用的模型——S 曲线。如本章前面所讲的。S 曲线的形状虽然是靠几个变量来决定的，但其确实有一个导入（或建立）阶段、一个相当持续的（或稳定的）中间阶段和尾梢阶段。Cooke 和 Jepson（1979）提出了一个很有用的简单的表述法。利用期望值，简单的算术加和就给出了现金流量的结果。如果各种变量的值可以找出来的话，它们的方差就是整个现金流量的变化值。

为了做出公司的预算，经常是每隔一个月做一次现金流量的预测，当接近融资极限时，就必须做出每周的预测。这些预测有利于预报资金需求。如将投资作为一种生产资源看待，就可以采用资源优化的技术。

获得持续稳定的资金来源是有利的，当然，长期资金应该是稳定的，频繁地变动此类融资会带来很多的问题，而且代价也较大。不过当得到这类资金后，它们会是比较稳固的（见 Fellows et al（1983）第 180～185 页）。短期资金对（资本化水平很低的）承包商更切合实际。从项目最大和净现金流量曲线分析得出，短期资金需求的变动是最大的，因而承包商通过综合刚开工项目、高峰期项目和收尾项目，乃至业主付款日期的分布，力图达到现金流量在时间上的平衡。这种平衡应当同时对现金流出的平衡起作用。

图 9.8 显示了在一个扩张期内的资本需求和所需的资金供应（时间/来源划分）。利用透支限额，为公司提供了一个应付那些突如其来的资金需求的缓冲措施。

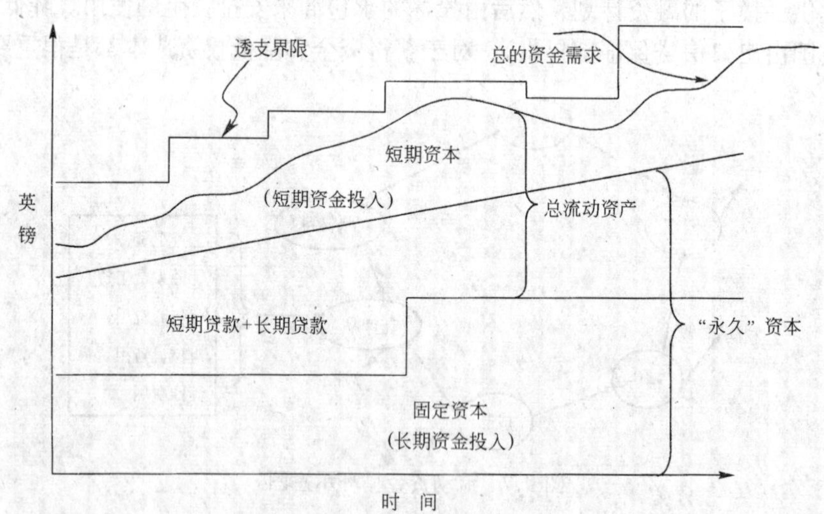

说明：透支是投资的最终来源，或者说是另一种资金来源。透支界限是可以定期修改的（六个月?），需要和实际发生的数额是由资金需求总量决定的。

图 9.8 资金需求

透支（Overdraft）是由银行提供的，在一定的期限内，以一定的利率（与实际使用的金额有关）最大提取到某一数额的资金的措施。这种短期贷款很灵活也很便宜。透支的现象在建筑业中很普遍，成为业内相当稳固的一个资金来源。

三、财务运转状况（Financial Performance）

财务运转状况恐怕是组织或项目运行情况的最常见的评价指标（或手段）。通常用绝对值（如营业额，税前净利润）和比率（如资本回报率）来加以分析，而具体采用何种指标分析取决于所获得的资料。

当账目很复杂时，常应用会计比率来分析账目。值得注意的是不要过分地依赖于单个比率，而要综合考虑才能得到较好的分析结果。

比率大致划分为三种：流动资本比率（Working Capital Ratio），经营和获利比率（Operating and Profitability Ratio），辅助比率（Supplementary Ratio）。

很多比率可用来分析公开账目，但许多公司，通常是小一些的公司并不需要发布这些信息。在对公司的财务状况进行分析时，可以得到许多内部的情况，比率分析已成为公司内部系统控制的一个不可缺少的部分。举个例子，像建筑公司，通常应用比率分析对公司整体及每个工地的生产率进行监测。

分析财务报表时，人们往往着重查看损益表(Profit and Loss Account）和资产负债表(Balance Sheet)。不能够仅局限于一个孤立的周期报表，而应认真研究连续几个周期的报表，从中找到大概的趋势。

损益表提供了公司在这段时期内发生的银行费用、贷款利息和不良债务这方面的信息，从中可以深入了解公司的财务管理能力、信用控制，包括对顾客的信用能力的评估。

比率可以按以下方法计算：各种所得比产量；利润（毛利、净利、税后净利）比产量等。比率分析用于决策公司提高产量时是否会赢利，如果不赢利，是什么原因。要联系当前经济形势、政策以及公司的目标，对几个连续周期的帐目进行分析。

资产负债表描述的是在一个特定的时刻，公司的资产和负债情况，把它与损益表联系起来看，意义更大。在这里仍然要用到比率。流动比率表明公司偿付债务的能力，速动比率表明公司快速偿债的能力。债务比产出和债权比产出表明公司对信用的控制。资本回报（以净资产百分数表示的利润）则回答这些问题："继续保持经营是否值得或如果投资到别的地方，资本是否会得到更好的回报？"在萧条时期，承包商的资本回报也许是非常低的，但经历过一段较长时间（包括一些高增长时期）其资本回报率是比较高的，足以维持公司的经营。

一个公司必须对其长期的短期的经营活动进行监测和控制，因为任何时期出现问题，均可使公司破产。短期来讲，偿付能力和流动性居主导地位，长期来讲，与其他可供选择的投资（投资的机会成本）相比，利润，特别是投资的回报则居首要地位。趋势预测可以对可能的失败提出警告；越早发现不利的趋势，就越可能早点纠正它。所有的公司都是按年度出财务报表，也有许多是在年中出；建筑承包商监测项目的经营状况，经常是按每个月或每三个月进行的，这种作法对于经济变化既迅速又难以预料、同时变化的数目又很大的行业来说是明智而且必须的。

监测系统越频繁、越成熟，其成本就越大（费用本身加上管理费，就降低了利润）。重复一点，我们应当采用成本收益评估方法来决定系统最佳监测频率和详细程度。

一个项目不能够获得必要的利润是很严重的，但公司长期不能够盈利，或者具体到建筑业的公司，如果它没有能力满足短期的资金需求（没有清偿能力）则注定是难以为继的。

思 考 题

1. 研究施工项目现金流量曲线的形状并解释这种形状的成因。
2. 解释财务比率指标在评估施工公司的财务运行状况时所起的作用。
3. 讨论施工项目融资时风险的影响。
4. 解释、论述费用控制过程的主要组成部分并举例说明。

参 考 资 料

1. Cooke B., Jepson W. B. (1979), *Cost and Financial Control for Construction Firms*. Macmillan
2. Fellows R., Langford D., Newcombe R., Urry S. (1983), *Construction Management in Practice*, Longman Scientific and Technical.
3. Hudson K. W. (1978), *DHSS Expenditure Forecasting Model*, Quantity Surveying Quarterly, 5, 2, Spring
4. Lowe J. G. (1987), Cash Flow Prediction and the Construction Client, *Proceedings CIB W65 Conference, Managing Construction Worldwide*, Vol. 1, London, Spon. pp 327-337
5. Woollett J. M. (1978), *A Methodology for Financial Forecasting in the Building Industry*. PhD Thesis. University of Michigan, Ann Arbor. University Microfilms Ltd.

第10章 进驻和使用

本章介绍了项目竣工后物业管理（Facilities Management）的概念，考察了各种物业管理模式以及入住后对居住效果的评价程序及建筑使用寿命周期费用等内容。

第1节 概 述

通常，大型机构使用自己的物业管理人员负责为居住者维护和运行房屋设施。如香港房屋署雇佣维修测量师和房屋管理人员维护和管理大型公共住宅小区（Housing Stock），包括住宅小区内各种综合商业设施和停车场。欲申请成为维修测量师的人员来自多个专业，有建筑师、工料测量师、勘测师和工程师等。

为了较好地理解物业管理的核心内容，要注意以下几点：

- 用户的需求重点；
- 把用户的意见反馈给业主机构的沟通技巧；
- 理解建筑使用寿命周期费用；
- 良好的费用控制技巧；
- 建筑技术的基本常识。

对物业管理来说，了解用户入住后的评价以获得用户的反馈信息和寿命周期费用是最基本的要求。

第2节 物 业 管 理

必须保证正确使用建筑物；闲置的空间，低效率的单元间的界面与不好的工作环境，掩盖了定期的租金评估和维护费用的影响。Park（1992）认为物业管理是指物业资源合理而有效的利用，这牵涉到许多互相关联的方面，如空间规划（Space Planning）、空间费用确定（Space Costing）、资产跟踪（Assen Tracking）、寿命周期维护费用（Life Cycle Costing）等。

图10.1中所示的运作流程显示了Park（1992）建议的物业管理策略中的四个阶段。研究阶段包括建筑使用寿命周期费用和空间费用预算及建立费用预算数据库。空间计划和空间费用是前两项内容，因为若不能够经济地利用空间，对业主来说，其他的功能的经济价值就很小。资产跟踪记录是将常规的资产清单用更加灵活的数据库来取代，因为这样的数据库可以查找、记录、跟踪一切流动的资产，如计算机、急救设备和家具等。

一、物业管理模式

近来，物业管理采用的模式很多，诸如：

- 办公室经理型

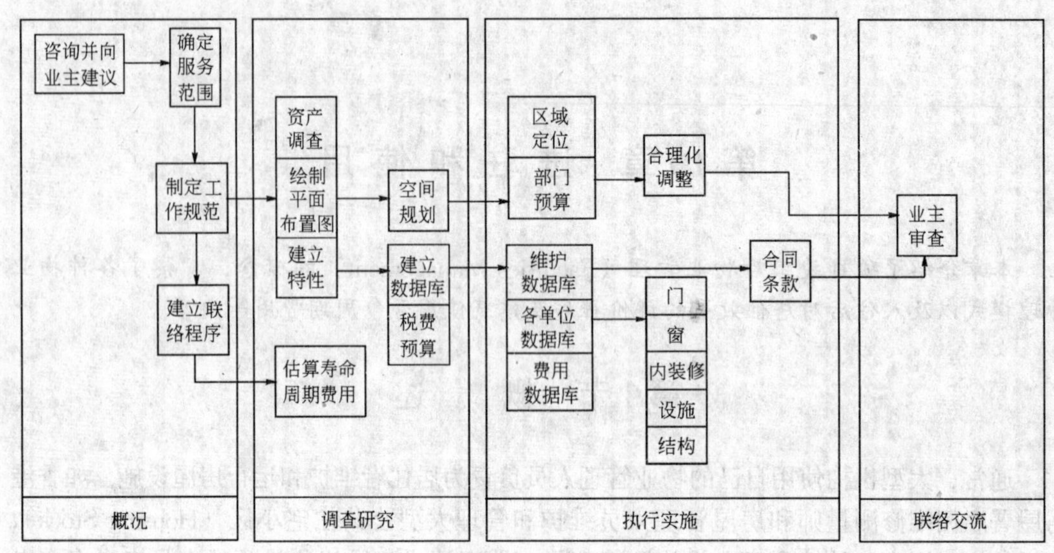

图 10.1　物业管理运作流程

（来源：Park 1992）

- 单一区域型
- 当地型
- 多区域型
- 国际型

办公室经理模式（Office Manager Model）中，通常由一个办公室经理负责物业管理，作为他（她）所负责的工作的一部分。这种模式适合于位于同一栋建筑中的机构，而该机构又不愿设立单独的物业管理部门及配备物业管理经理，或者当某机构处于租用的建筑中而不想安排专人负责物业管理时。

单一区域型（Single Site Model）适用于某机构处于同一区域内，机构本身很庞大，必须另外设一个物业管理部门。此类机构可能会拥有他们所使用的建筑，利用内部服务和合同服务的方式来提供物业管理服务。

当地型（Localised Site Model）指某一机构不只在一地拥有建筑，如在总部附近分布有分支机构。尽管由于经济上的联系而不可能完全分离，但分散管理则是这种方式的核心，内部服务和合同服务都有可能用到。

多区域型（Multiple Sites Model）适用于那些跨越较大地理区域的机构。总部只制定政策和指导方针，由各地的办公室开展具体工作。

国际型（International Model）适用于大型跨国公司。其运作方式类似于多区域型。总部的重点在于与不同地区/国家的不同法律和语言有关的大政方针的制定上，当地的办公室负责具体事务。

上述物业管理模式表明可以采用多种方式组织物业部门。物业管理是重要的角色，它要提供许多服务，如：

- 长远的空间规划；
- 建立机构的规划标准和指导准则；

- 确认用户的需要；
- 家具的布置；
- 监督空间的使用；
- 选择并控制家具的使用；
- 制定工作规范；
- 计算机辅助物业管理（CAFM）。

有关房屋使用和维护方面的具体操作，包括：

- 运行、维护设备；
- 维护建筑结构；
- 管理并承担物业的改造；
- 能源管理；
- 保安；
- 声音信号和数据传输；
- 控制预算；
- 监控运行；
- 监督清洁和装修。

另外还要决定服务形式，是选择内部服务还是对外合同承包。对外合同承包传统意义上指用户依据合同雇佣一个独立的机构（提供者），完成一些可以由内部人员承担的工作。然而，目前能表明机构在某阶段对外合同承包的实效性的资料相对较少。据 Barrett (1995) 的调查，典型的为期 3 年的合同，其合适的时间至少应是一个循环周期，以便对最初做出承包的决定和后面的决定做出评价，后面的决定可以是：

- 与同一个承包商续签合同；
- 与另一个承包商签订新合同；
- 改用内部资源。

对外合同承包时，用户认为有以下 5 个主要利弊：
(按加权平均排序，见 Barrett 1995)

利：

- 降低成本/规模经济；
- 集中于主营业务/考虑长远的物业管理计划；
- 适度的雇员数/节约空间；
- 提高生产率/运行高效；
- 较好的灵活性/工作负荷。

弊：

- 所谓节约值等于预期的希望值，并非总是低成本；
- 内部人员问题，包括从用户转为承包商，裁减掉的与留下人员之间的关系，与工会的关系，人员过剩；
- 对承包商缺乏控制；
- 选择劣等的承包商带来的风险/承包商市场竞争不完善；
- 外部人员问题：对用户忠实与否。

另外，有些机构中的员工并不是唯一享受物业服务的人员。如医院，物业管理服务也要尽量使病员感到满意。因此，物业管理者应考虑建立一个“审计系统”，通过反馈来提高服务水平。现在已有许多方法，都可以归结为使用评价（Post-Occupation Evaluation, POE）方法。POE指建筑完工后，用户对其进行的正式评价，找出用户不满意的地方。使用评价（POE）也应用于添加新的物业设施，或更新旧设施。因为在使用评价（POE）中获得的资料可以用于新项目的前期工作中。

二、团队学习（Learning Organisations）

Barrett（1995）指出了物业管理中团队学习的重要性，以及如何执行团队学习的规则。当企业以前没有物业管理经验并开始实行物业管理时，这种方式是相当合适的。人员在企业中行为角色的变化，激励其自发学习，这是使其形成物业管理行为的第一步，随后，个人、团队持续的学习成为整个企业学习的有机组成部分，经过总结的经验再传给其他人员、团队。

这种方式的核心是创造一个环境，让人们知道应该怎样工作来更好地支持核心业务。通过公司相关的激励策略及子系统内部的信息反馈来达到上述目标。通过运用上述机制，建立良好的组织环境，培养学习个体与团体，鼓励他们创新。

有关团队学习方面的文章有许多。Revans（1982）阐述了企业作为一个学习体系的含义。他建议企业鼓励员工经常学习，通过学习重新组织他们的工作系统。企业精神将决定学习内容。行动是关键。企业提供实践，管理者通过回顾从而达到高效工作的目的。Mumford（1991）也支持这种方式，他提倡相互影响（与企业的主要人员），统一（融工作技巧与知识为一体），实践（管理者个人有责任），重复（学习是一个过程）。实践学习需要一个环境，包括交换、休息、商讨和辅导培训等。

Redler等人（1991）提出要使用信息技术（IT），使员工知道将要作什么，并使用正式的记录和控制支持学习并使员工感到愉快。更重要的是，定期回顾外部环境，本着互利的原则发展与其他竞争者和股东共同学习。这些学习机会包括营造持续提高的学习氛围，允许发生失误，鼓励每个成员寻求自我发展的机会。

Nonaka（1991）认为保持竞争优势的持久源泉是知识，成功的公司总是不断地创造新知识，并将之广泛地传播，且在他们的产品中加以体现。对于知识持续的挑战体现于公司不断地检查公司认为想当然的事物，当不同的小组对同一个问题以及这个问题的优缺点有各自的看法时，要提倡“内部争论”。Attwood和Beer（1990）也提倡自我发展。管理的作用是提供各种层次上持续、相关的学习氛围。这种企业需要灵活的组织结构、企业内的学习气氛及适度的自由。

第3节　使用评价（POE）

为使企业了解其物业是否支持其企业目标及满足用户需要，要定期进行建筑评价。建筑评价使企业有机会从不同的侧面评价某一特定物业设施满足自己的要求的情况，改进将来的建筑设计（如在将来的新项目的方案阶段考虑进用户的意见）。

物业管理者应意识到企业通过使用评价（POE）而带来的潜在效益，并能掌握必要的技巧来进行自己的使用评价（POE）。

使用评价（POE）让建筑的使用者评价该建筑（的适用性）是否满足特定需要。使用评价（POE）为一栋建筑竣工后，其使用者对其进行的正式评价，找出没能满足用户需求的地方。Sanoff（1968）强调“评价是设计过程中被忽视的环节。若用系统的观点来看待人们如何使用现有环境时，可以看出，评价、建设要求和设计是三个相关的步骤。对周围环境的分析有利于建设要求的形成”。

一、使用评价（POE）的好处

在规划新建筑时，使用评价（POE）是一个有力的工具。从评价中得到的资料可以用于新建筑的建设要求。

图 10.2 显示使用评价（POE）的近期好处是可以马上解决存在于建筑中的问题，中期的效益则体现在下一个建筑产品中，长远的效益更需要有关各方的合作（设计人员、使用者、业主等)。业主应有这样的概念，即一定要认真研究建筑的使用情况，认真考虑使用者的评价。设计人员同样可以得益于使用评价（POE)，他们可以为将来的设计积累资料。

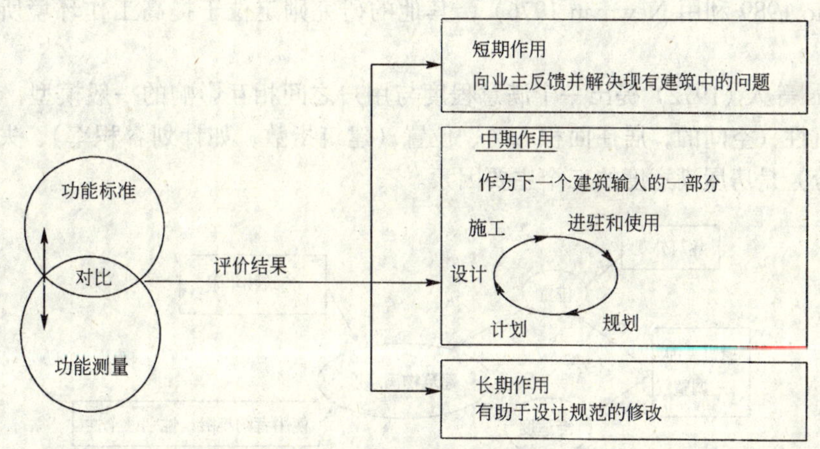

图 10.2 使用评价（POE）

使用评价（POE）的结果对业主来说有诸多用处（Becker1984，Ailman 和 Rogoff 1987，White 1989）。普遍认为主要的发展商/业主会得益于长期的有系统的建设高质量的建筑产品的规划，这样的规划的起始点则是对已完工建筑的反馈。从业主的立场讲，使用评价（POE）的益处在于：

• 实现反馈，如能源利用、空间适用性或循环效率等长期的使用情况；

• 使用评价（POE）结果用来记录建筑的不足，用于新项目的调整或改进；

• 使用评价（POE）另一个重要目的是对规划标准进行不断地检验与修改，提高资源的利用率，指导设计决策；

• 使用评价（POE）研究可作为业主机构中更广的质量和生产率改进计划的一部分，可以表示管理者对工作环境的关心；

• 使用评价（POE）能提高企业在市场中的竞争能力，提高企业的公众形象和信誉，表明业主机构有意并有能力调整自身来防御外部环境的挑战；

• 使用评价（POE）会使设计人员意识到业主很关注建筑的使用情况，业主雇佣的设计人员将对其计划和设计负责。

为使使用评价（POE）结论对业主更有意义，评判使用评价（POE）成功与否需要技术竞争力的附加标准。对大多数的业主来讲，具有使用评价（POE）的技术竞争力是对任何一个合格的专业人员最起码的要求，而且它只是业主期望通过使用评价（POE）能达到的一系列的标准之一（White 1989）。如，业主不希望通过尴尬的或公开自己隐私的方式来实现技术竞争力。这就是说，业主认为，使用评价（POE）计划需从技术方面和非技术方面来认真加以考虑，如提高工作效率和降低旷工。若从使用者的角度来看，对建筑使用情况的评价的关键在于对他们自身满意标准有更多的了解。

二、建筑满意程度的决定因素

对周围环境特征的感知和评价直接影响（使用者的）满意程度。外部环境与个体之间有一种高度的相互影响，个体之间也有非常明显的作用，如个体观念会受他/她的同事的影响。别的一些研究者还研究了满意与行为间的潜在联系。他们认为对于环境的不满意将导致用户满意程度和社会行为的改变。如，有的研究集中在防止犯罪的建筑设计特征上(Francescato 1989 利用 Newman 1976），其他的研究则定位于提高工作环境所带来的产出。

Markus 等人（1972）提出一个满意程度与用户之间相互影响的一般模型，如图 10.3 所示。适宜性（空间的，居住面积/人）、位置（建筑指数，如计划容积率）、失常（行为和心理成分）是房屋满意度的三个主要因素。

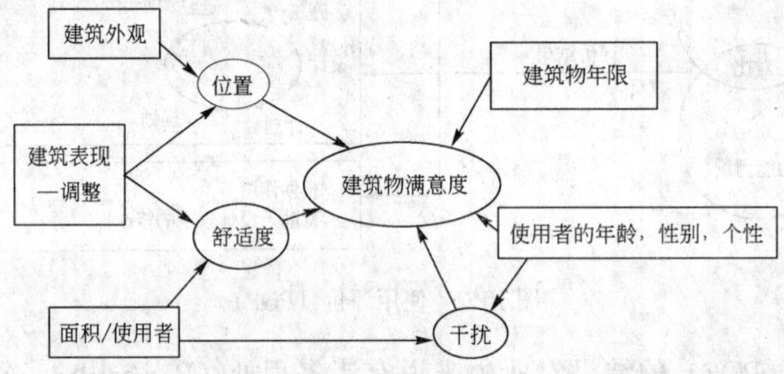

图 10.3　房屋满意度的决定因素（选自 Markus 等人 1972）

满意度的动态性使得它也会随时间而发生变化，主要是房屋年龄和对它总体满意程度的联系。通常，房屋越陈旧，对它的满意度越低。

三、使用评价（POE）的步骤

其他研究满意程度与行为间内在联系的研究者提出对不满意的环境的改善会引起用户满意度和社会行为的改变（Cook 1988，Garling 和 Garling 1990，Bonlles 等人 1991）。例如，某些研究致力于调查能够威慑犯罪的设计特点。

因为在很大程度上存在着相互影响，所以在使用评价（POE）时应谨慎选择要衡量的变量。评价应包括经济的、生态的、技术的和功能使用性等方面的标准。这是因为环境是一个有着众多“居住者”的体系（Francescato et al 1989）。它不仅必须使用户满意，也必须表达设计者的思想、发展商的意图以及政府的政治理念。

Preiser 等人（1988）提出使用评价（POE）有三个层次。如表 10.1：

使用评价（POE）的层次（选自 Preiser 等人 1988）　　　　表 10.1

层次 1	提示型	指出主要的优缺点，耗时短
层次 2	调查型	在层次 1 找出需作进一步研究的问题时才作
层次 3	诊断型	是更广泛深入的调查研究，得出具有长远意义的结论和推荐意见

使用评价（POE）的三个层次中，提示型所需努力和资源最少，主要通过走动和选择访问，有时以问卷形式作补充，意在找出某个建筑在使用中的长处和弊病。调查型的使用评价（POE）包含较深层次的研究，经常在提示型的使用评价（POE）发现需作进一步研究的问题时才作，在评价之前，评价标准要十分明确，因此，它不像提示型的使用评价（POE），评价人的主观意见不会起主导作用。在三个层次中，诊断型的使用评价（POE）需投入的精力、财力和时间最多，其目的在于将客观环境情况与用户主观反映尺

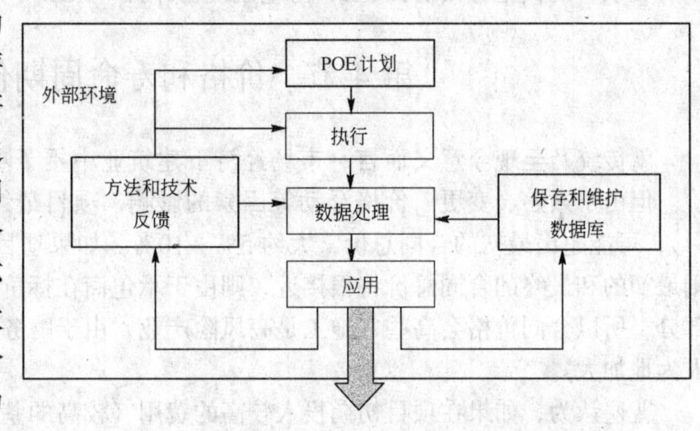

图 10.4　使用评价（POE）模型

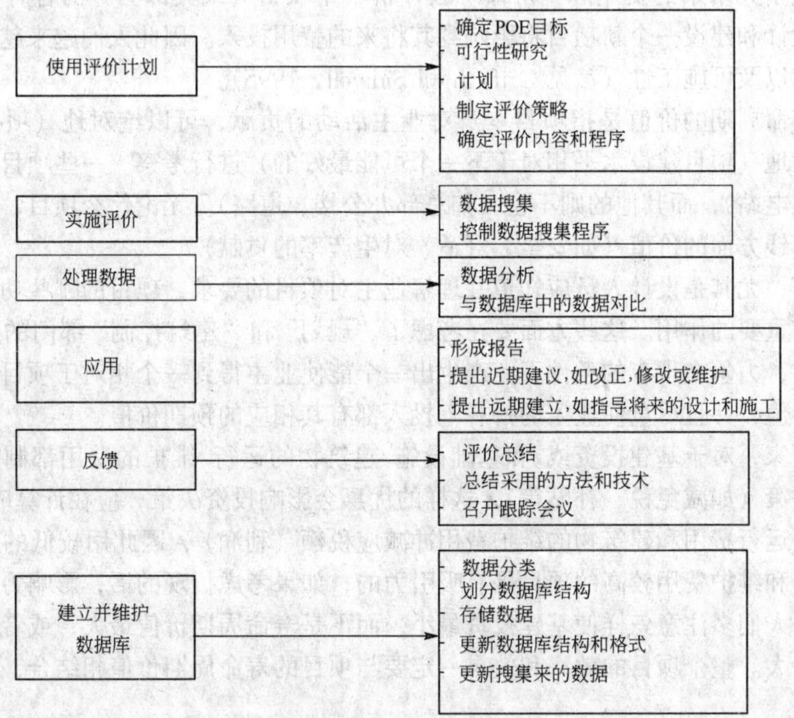

图 10.5　使用评价（POE）数据资料的生成

度相关联。

图 10.4 表示的是使用评价（POE）模型中的四个阶段，计划、执行、数据处理和应用。假定使用评价（POE）过程在计划和执行中投入的精力与收集资料的可信度成正比的话。诊断型的使用评价（POE）中获得的资料可信度较其他两个层次高。评价者欲达到的目的影响着计划阶段，反过来，也会影响使用评价（POE）层次的选择及进行评价的方式，最后处理完收集的资料后，使用评价（POE）的结论要么反馈给有关的项目，要么用于有关项目的其他方面。图 10.5 为生成使用评价（POE）资料的步骤。

第 4 节　价格和寿命周期价值

就传统乃至现今意义而言，市场经济下建筑业中授予项目的主要参数仍是，即投标价。但由于索赔、变更、价格浮动等因素的影响，项目最终的基建投资（同意的最终数目），可能超出最初的合同总价，大约 5%～10%。如果项目以固定价而不是浮动价执行，则最初的和最终的合同总价将很接近，则由于承包商在标价中包含了（业主）不予补偿的部分，所以合同价格会高些（施工是高风险产业，由于财务费用等因素，报出的费用会被人为地加大）。

普遍认为，如果在项目初期投入较高的费用（较高的基建投资），由于初始设施较好，其随后的运作和维护费用则较少，其寿命周期也较长。然而，新项目中购置和安装费用昂贵的部件，其后期的维护和更换费用可能同样是很高的。这需要采用现金折现技术仔细地计算，对应于其未来的费用和“寿命”去评价一个项目（或其部分）的各种基建投资方案。怎样设计和建设一个新项目将影响到其将来的费用投入。因此人们越来越关注设计和施工的质量以及可施工性（参见 Griffith 和 Sidwell，1995）。

项目寿命周期的价值是指项目本身对业主活动的贡献，可以绝对地（项目本身的贡献）或相对地（项目建设水平相对于下一个可能最好的）进行考察。一些项目能直接产生效益（如发电站），而其他的则不会（如总部办公楼、道路）。无论什么项目，总要产生非金钱的和金钱方面的价值（如安全、舒适、对生产率的贡献）。

承包商，尤其是设计人员应知道并理解业主对项目的要求，项目的哪些功能对业主的经营活动有重要的作用。这些方面要在考虑了“规划”和“建筑控制”部门的要求后反复修改和评估，力争在现有的条件下，产生出一个能使业主得到一个相对于项目的投入来说最大化的价值，并且尽量使业主的每一笔投入都有其相应的预期价值。

多数国家，对于基建投资或/和基础设施/建筑物的运行/维护的费用都制定有税收方面的优惠政策（如减免税、补贴等），这样的优惠会影响投资决策，应在计算时加以考虑。一般允许将运行费用和建筑物的维护费用冲减应税额（利润），因此用较低的基建投入建设一个运行和维护费用较高的项目是有吸引力的；如果考虑折现的话，影响力就更大。

当然，人们多注意怎样使基建投资最小，而不是寿命周期价值最大，或者说价值与支出的比率最大。整个项目的效率和效果一定要与项目的寿命周期价值相结合，而不仅仅是基建投资。

一、寿命周期费用的概念（Life Cycle Cost，LCC）

寿命周期费用指项目的终生费用或总费用，是一种将初期基建投资，整个建筑的或其一部分的逐年运行费用和维护费用简化为一种普通指标的技术。这个指标是一个单一的费用数字，或者指等价的年费用，或者是建筑物整个寿命周期内所有费用的现值，如在一个建筑物的有效寿命周期内，它的基建投资、维护费用、运行费用，还包括对它的改造投入。

Flanagan 和 Norman (1983) 将寿命周期费用定义为一个建筑物在其寿命周期内所需的总投入，包括初期的基建投资和随后的运行费用等。对寿命周期费用比较普遍接受的定义为一个建筑物的整个寿命周期内所有投入的现值，包括基建投资、使用费用、操作费用以及在其寿命周期终了时的拆除费用和收益。1994 年英国皇家测量师协会（RICS）将房地产的寿命周期划分为以下几个阶段：得到土地，测量，基础设施，策划，规划，融资，施工，代理，售出，改造和再开发。寿命周期费用（预测）像一个设计手段一样，被用来对不同的设计方案、材料、组成部分和施工技术的费用进行对比。

将这些费用与按年分摊的初期基建投资相加，就得到为建设、维护和运行该建筑物每年所需的投入。可以将用于该建筑物的所有费用用折现的方法转换为现值；这样，用于判断的众多因素就被简化为对该建筑物的价值进行（单独）评估的单一因素（费用）的比较。对所有类型的建筑物，基建投资的每年分摊额都小于它的每年运行费用，设计方面的微小变化，对后期的运行费用的影响会远大于对基建投资的影响。由此来看，寿命周期费用主要涉及到建筑物的整个寿命周期的时间轴上投入与产出的流动状况，要利用折现方法将未来的投入与产出转换为现值，以便于评估一个方案的经济价值。

一个典型的例子就是墙体隔热材料，要考虑它的最初投入、材料寿命和在保温方面所节约的预期值。然而，建筑设计的问题并不如此简单，建筑方案一般只局限于功能效果和美学上的差异。应用寿命周期费用技术有如下几个步骤：

• 寿命周期费用分析阶段 (Life Cycle Cost Analysis)

对于现有的有可比性的建筑收集和分析历史资料，包括运行费用和使用情况。

• 寿命周期费用管理阶段 (Life Cycle Cost Management)

该阶段由寿命周期费用分析阶段演变而来，确定可以降低寿命周期费用的地方，协助业主比较建筑物的各项费用，在整个寿命周期内评价和控制使用费用以使业主得到最大的价值。

• 寿命周期费用计划阶段 (Life Cycle Cost Planning)

该阶段可以认为是寿命周期费用管理的一部分，它是对一栋建筑物、建筑物的一部分或独立单元的所有费用的预测，要综合考虑初期投资，后面的运行费用，以及可能的残值，采用折现的方法，将这些费用以一致的可比较的方式表示出来。

Flanagan 和 Norman (1983) 认为寿命周期费用技术涉及到大量数据的计算，所以他们设计了一个将寿命周期费用分类的方法，如图 10.6 所示。各种寿命周期费用计划技术与项目的进展程序 (RIBA) 相结合，恰似正常的费用计划的组成部分。正如设计依据层次建立的初期预算，寿命周期费用计划能被层次 3 的详细计划所代替。在图的左侧表示常规的费用计划步骤，由于寿命周期费用分析能被用于设计步骤的每一个阶段，故而受到重视。

确定寿命周期费用时估算师需注意的问题是：

• 很难精确地对不同材料、流程和系统的维护和运行费用进行正确估价；

• 通货膨胀对各种费用的影响并非一致，因而使寿命周期费用的结果变化很大，特别是维护工作对人工的需求比新建项目要高；

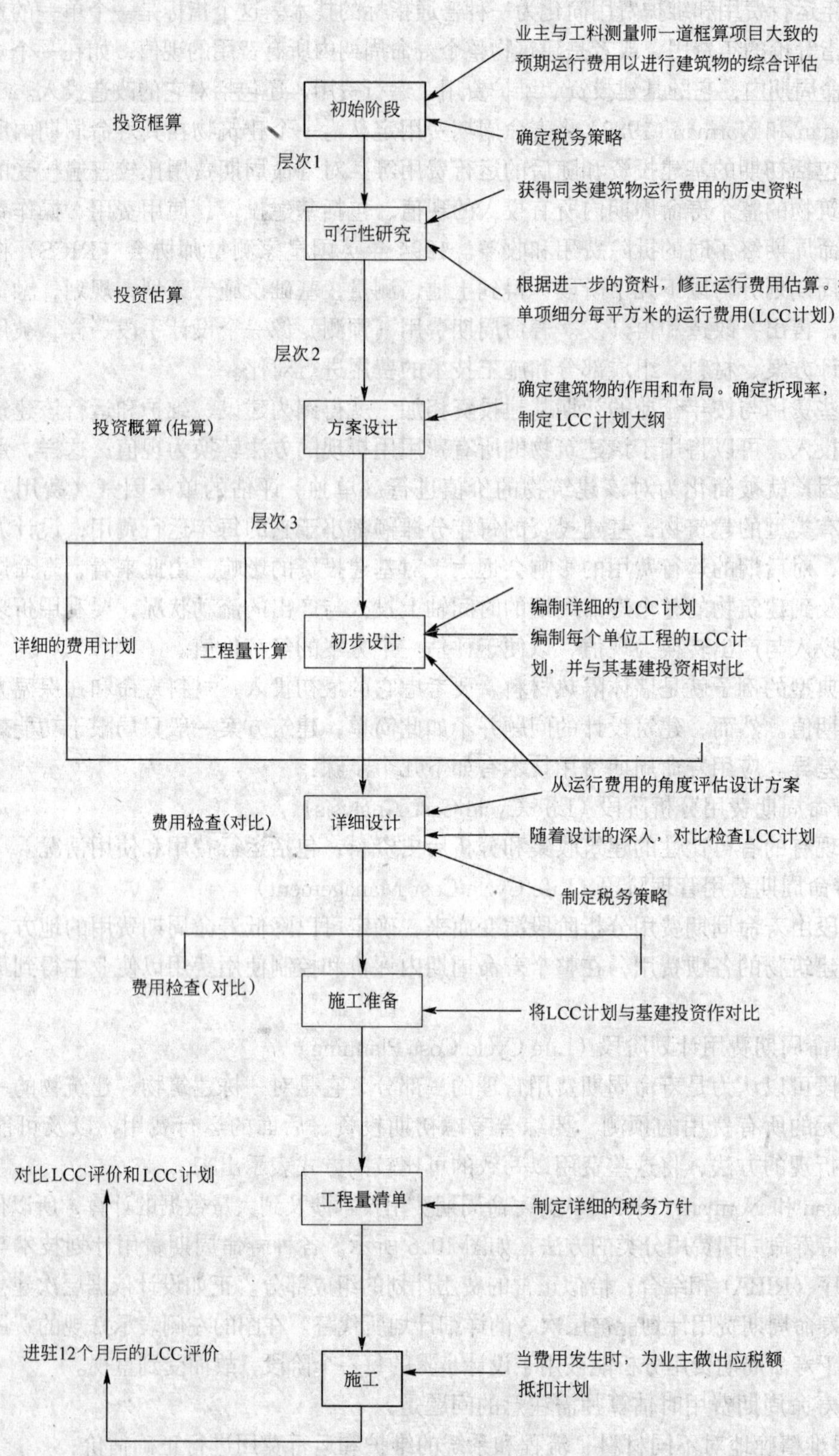

图 10.6 寿命周期费用和 RIBA 的工作程序

(来源：Flanagan 和 Norman1983)

• 选择用于计算的合适的利率比较困难；
• 品味、时尚的改变，建筑方面的法律法规的改变，也影响未来的费用；
• 精确地预测不同类型建筑物的使用寿命比较困难。

况且，工程竣工并作为一种投资被出售后，业主不会考虑节约以后的维护与运行费用。当建筑物的业主好不容易地搞到基建投资时，或者当业主的兴趣只限于项目的短期效益时，你告诉他较大的基建投入会大量地节省今后的开支是不会起任何作用的。

二、资金价值和维护评价

设计阶段，对维护费和将来可能的支出的综合考虑能使业主更好地获得其资金的价值。维护工作通常分为两类，必要的和可避免的。可避免的维护工作源于设计失误或工人的技术低劣。

为了有效地降低维护费用，设计人员在设计建筑物的每一部分和单元时应考虑以下四个问题：

• 如何上去？
• 如何清洗？
• 寿命有多长？
• 如何更换？

当房屋所有者考虑是否要建新房屋或购买及租用已有建筑时，他/她就要开始考虑维护费用。业主对新建筑的建设要求是决定将来维护费用的一个主要因素。尤其在方案设计阶段，应说明对建筑物的使用要求，可能的用途变更，以及将来运行、清洗和维护的基本指导思想。设计人员有责任在这方面给业主以指导，不过实际情况并非如此。

维护的目的在于保持一栋建筑处于良好状态，以使它能持续地发挥应有的作用，这是它使用寿命周期内的关键。然而，在项目的资金上，普遍只考虑使其建投资最小，而忽略日后维护方面的问题。费用评价方法和标准一般也不考虑寿命周期费用。一般情况下，人们要求设计的建筑应达到一个可接受的标准。可接受标准的定义被划分为三种，以说明维护方面的复杂性：

• 功能表现、质量和可靠性，这些与使用者有关；
• 结构、供电、防火和其他安全问题，这些由维修人员负责；
• 资产和良好的周边环境的保持，这些应由业主负责。

建筑维护的主要好处在于保持投资的价值，使一个建筑物处于发挥它的正常功能的状态，在公众面前保持一个良好的形象。

维护的主要特征是它受多种因素的影响，从最开始的设计和与材料的质量和工人的技术有关的费用，暴露程度，到维护它的机构自身的工作效率。这些因素相互作用，直接影响房屋及各部分的持久性和维护难度。若要使维护的控制工作很有效，那么维护工作就要从建筑的设计阶段介入，并贯穿于其整个使用寿命周期。

维护计划要根据维护方针来制定，其涵盖的范围很广泛，包括各种各样的工作和资产(Seeley 1987)。维护方针要对维护服务提出以下三方面的标准：舒适度（装修周期），工作质量（检验和承包商名单），日常服务（修理和反应时间）。业主和租用者的各自责任也要有详细的规定。

图 10.7 列出按计划和非计划维护分类的主要工作内容。

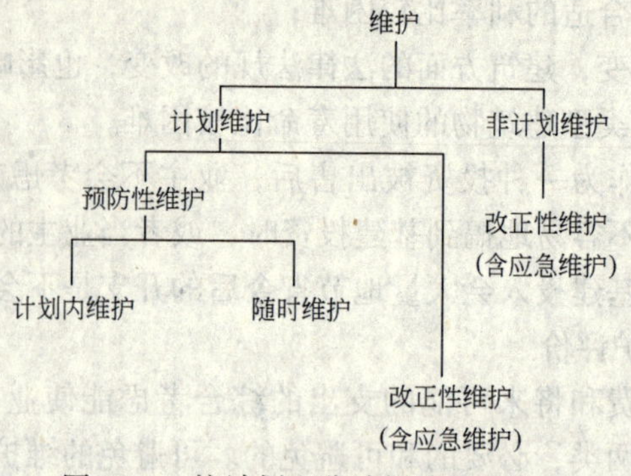

图 10.7　按计划和非计划维护分类

在维护管理方面，反馈的作用也很大。有两种反馈方式：

• 直接反馈给设计人员：主要是有关设计失误，低劣的工人水平和材料等问题。

• 在维护人员内部进行讨论，当所有问题的解决方案都形成书面意见后，分发给各有关人员。

维护费用的记录和数据要妥善保管。其作用有三：

• 预算控制：计算每年或定期的维护和操作费用；

• 管理控制：对维护支出的日常控制；

• 设计费用控制：包括所有的与失误原因、失误类型、设计失误有关的情况。如屋顶的维修应记载屋面瓦的型号、质量、铺装方法、瓦面角度、暴露程度和其他的有关问题。

三、寿命周期费用计划

确定寿命周期费用计划是对一栋建筑或一个独立建筑单元所需要的全部费用进行预测，它综合初期的基建投资和随后的运行费用，通过折现，将这些费用以一种一致的可比较的方式表示出来。在附录 5 中给出了一个寿命周期费用的实例。寿命周期费用计划的实例可参阅 Flanagan 和 Norman（1983，1989）的著作。

在计算寿命周期费用时最主要的难点在于，每一栋建筑的投入需要持续一段相当长的时期（即建筑的整个使用寿命周期）。投入有三种类型：

• 当前投入，包括购买建筑用地、建造及专业人员费用；

• 每年投入，涉及零散的维修、清洗、供热、照明、租用等；

• 定期的投入，如五年一次的外部粉刷，更新设施和部件等。

所有这些类型的投入都要用折现的方法变成一个具有可比性的数据，以便对不同设计进行比较（使用折现现金流量的方法，见第 5 章）。现举一个简单的例子阐述折现原理。假设某个建筑物设计使用寿命 60 年，若采用一种可使用 30 年，之后必须替换的屋顶，需花费 15 000 英镑，而采用另一种可使用于整个建筑寿命周期内的屋顶，需花费 20 000 英镑。在表 1 中可查得 30 年后 15 000 英镑的现值，即 $15000 \times 0.17411 = 2611.65$ 英镑（按 6%的利率计算）。

	费用	现值
A类屋顶		
最初投入	£15 000	£15 000
30年后更换投入	£15 000	£2 611.25
全部的投入	£30 000	£17 611.65
B类屋顶		
最初建设	£20 000	£20 000

计算表明，从长期看采用A类屋顶更为经济一些（其他的例子详见Seeley (1996)）。

选择适当的折现率是相当困难的。利率随时间变动较大，且寿命周期费用计算通常需考虑相当长的时间。业主要么为一个项目筹措贷款，要么将用于其他方面的资金投入到这个项目上。理想的利率应是房地产贷款市场利率，或者是业主投资到别的业务上的平均投资回报率。(有关利率的讨论详见第5章)

在计算中可以采用多个利率。通过敏感性分析，确定那些会使与其相应的方案失去财务上的吸引力的利率，之后，确定各种基本的条件对哪些因素敏感，如前面的屋面种类的比较，如果折现率从6%提高到10%，则30年后更换屋面的费用会更低。

费用计划（如第7章讨论）只有考虑进建筑物的寿命周期费用后才会有作用。建筑项目的寿命周期费用应包含最初基建费用，使用期内的维护费用，乃至更新改造的费用。寿命周期费用评价还应考虑不同的设计方案对业主产生的相对收益，甚至在建筑物寿命周期末的拆除或处置的费用（或收益）。

思考题

1. 论述物业经理的主要作用。
2. 论述使用评价是设计人员和承包商获得建筑项目功能表现反馈的主要组成部分。
3. 比较和对比寿命周期费用中基建投资和每年的投入。
4. 解释“价值”，论述维护对保持建筑物在其整个寿命周期内价值方面的作用。

参考资料

1. Altman I., Rogoff B., (1987) World views in psychology: trait, international, orgasmic, and transactional perspectives. In Stocks and Altman (ed.) *Handbook of environmental psychology*, Vol. 17-40, NY Academic Press
2. Attwood M., Beer N. (1990), Towards a working definition of a learning organization. In peddler M., Burgoyne J., Boydell T., Welshman G. (ed.) *Selfdevelopment in organizations*, McGraw-Hill NY
3. Barrett P. (ed.) (1995), *Facilities Management. Towards Best Practice*. Blackwell Science Ltd.
4. Becker R. (1984), Quality of Performance in use of building systems, *Building and Environment Journal*, Vol. 19, No.3
5. Bonnes M., Bonaiuto M., Ercolani A. P. (1991), Crowding and residential satisfaction in the urban environment, contextual approach, *Environment And Behavior*, Vol. 23, No.5, pp 531-552, Sept.
6. Flanagan R, Norman G. (1983), *Life Cycle Costing for Construction*, Royal Institution of Charted Survey-

ors. UK

7. Flanagan R, Norman G. (1983), *Life Cycle Costing*. BSP

8. Francescato G., Weidemann S., Anderson J. R. (1989), Evaluating the Built Environment from the User's Point of View: An Attitudinal Model of Residential Satisfaction. In Preiser W.F.E. (ed.), *Building Evaluation*, Plenum Press. NY.

9. Garling A., Garling T., (1990) Parent's Residential Satisfaction and Perception of Children's Accident Risk, *Journal of Environmental Psychology* 10, pp 27-36

10. Griffith A., Sidwell A.C. (1995), *Constructability in Building and Engineering Projects*, Macmillan

11. Markus T. A., Whyman P., Morgan J., Whitton D., Maver T., Canter D., Fleming J. (1972), *Building Performance*. Applied Science Publishers Ltd., London

12. Munford A. (1991), Learning in action. *Personal Management*. July 34-7

13. Newman O., (1976) *Design Guideline For Creating Defensible Space*. Washington D. C., US Government Printing Office. (Cited in Francescato et al 1989)

14. Nonaka I. (1991), The knowledge creating company. *Harvard Business Review*, Nov./Dec.

15. Park J. A. (1992), Facilities for growth. *Charted Quantity Surveyor*. Feb, pp 17-19

16. Pedler M., Burgoyne J., Boydell T. (1991), *The learning company*. McGraw-Hill NY

17. Preiser W.F.E., Rabinowitz H. Z., White E. T. (1988), *Post-Occupancy Evaluation*. Van Nostrand Reinhold Co., NY

18. Revans R. (1982), The enterprise as a learning system. *The Origins and Growth of Action*. Chartwell-Bratt, Bromley

19. Sanoff H. (1968), *Techniques of Evaluation for Designers*. Raleigh, NC: Design Research Laboratory, School of Design, North Carolina State University, USA (cited in Barrett, 1995)

20. Seeley I. (1987), *Building Maintenance*. Macmillan

21. Seeley I. (1996), *Building Economics*. Macmillan

22. Senge P. (1990), *The Fifth Discipline: the art and practice of the learning organization*. Doubleday, USA

23. White E. T., (1989) Post-Occupancy Evaluation from the Client's Perspective, In Preiser W.F.E (Ed) *Building Evaluation*, Plenum Press. NY

附录

Appendix 1:

The Management of Risk

by R F Fellows, BSC, PhD, FCIOB, FRICS.

Directorate of Professional Services
The Chartered Institute of Building

INTRODUCTION

All participants in construction projects take risks. Contractual provisions distribute risks between the parties who, in turn, seek compensation, usually financial, for the risks which they assume. However, despite the acknowledged importance of risk bearing and consequent compensation, assessments are quantitative only rarely- 'experience' plays the major role.

The application of risk management provides explicit recognition of the risks which parties to a building project are required to take in terms of what the risks are and their size. The pattern of risk distribution is a major influence on project price and, in extreme cases, the intended distribution of risks can result in a party withdrawing from the proposed scheme.

Risks, as distinct from uncertainties, can be identified and quantified. Since many are within the control of one or more of the contracting parties, the systematic and scientific process of risk management will lead to more efficient contracting, particularly in regard to project pricing.

RISK AND UNCERTAINTY

Often the word 'risk' is assumed to relate to circumstances where the outcome is not known for certain; in consequence, all forecasts contain some elements of risk. The differentiation between risk and uncertainty is not always appreciated, yet it can be critical.

Risk is where the outcome of an event, or each of a set of possible outcomes, can be predicted on the basis of statistical probability. (For example will it rain tomorrow? How much rain is expected tomorrow? How much rain is expected tomorrow between 8am and 6pm?)

Other events have outcomes which are *uncertain*; they cannot be predicted via statistical probability and the probability of their occurrence is unknown/unquantifiable. Clearly, as records become more extensive, areas of uncertainty become areas of risk and so their treatment in construction projects, and in construction contracts, alters.

Industrially, it is common for risk (and uncertainty) to be considered as negative only ('downside risk'), ie, the risk of making a loss or of not realising the forecast profit. This approach is of considerable practical value, but there is also a positive side, such as the forecast profits being exceeded. Often, these 'positive' risks and uncertainties are considered as possibilities or opportunities and may be treated differently.

Safety is freedom from risk (in an absolute sense) whilst, practically, safety may be regarded as freedom from unacceptable risk. Hazard is an evolving set of pre-conditions of failure, hence, hazard occurs in the present and is a precursor to failure. Risk concerns the chances of a hazard event, of its leading to failure and the consequences of the failure. So neither safety nor risk can be managed directly; they must be managed indirectly through the direct management of hazards.

Essentially, management of risks is hazard management which involves evaluating proneness to failure. Proneness to failure can be cumulative and expansive because hazards influence, and allow for the incubation of, other hazards. Hence, the proneness to failure of a project is the measure of the hazard content of that project (Blockley, 1992).

The key factor may be portrayed by graphs which plot the value (positive or negative) to the organisation of profits or losses. Commonly, such graphs use 'utility' to measure value to the organisation. Utility is a measure of usefulness which facilitates diverse requirements/objectives of the organisation's activities to be incorporated into a single measure of usefulness/value according to their relative levels of importance (See Figure 1).

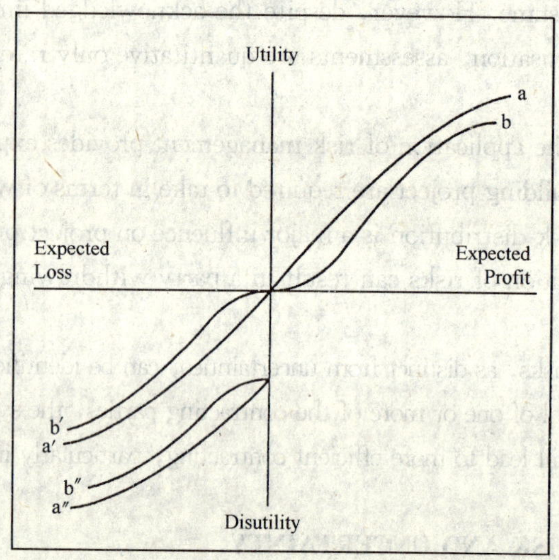

a Curve shows diminishing marginal utility (of increasing expected profits).
b Increasing then constant and finally diminishing marginal utility.
a′) 'mirror images' of a and b showing disutility of expected losses.
b′)
a″ similar to a′ and b′ but commencing at a certain level of disutility to illustrate the undesirability of any level of loss.

Figure 1: Alternative utility profiles for expectations of profits and losses.

Thus, in order to manage risks, it is essential to bring together the objective analysis of the risk event (s) and the risk profile of the people involved-the decision takers.

RISK MANAGEMENT

Management of risk involves four primary steps:

- risk identification;
- risk quantification;
- risk allocation;
- risk response.

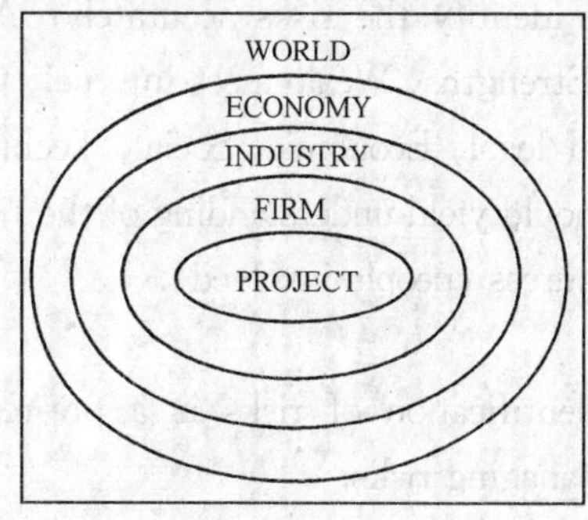

Figure 2: Project environment as a hierarchy of sources of risk.

Except for the quantification stage, the same steps may be applied to uncertainties. Construction contracts allocate risks and provide some information about quantifications (eg, liquidated damages). Usually, it is up to the parties to identify, quantify and respond to the risks. Where negotiations form part of the pre-contract activities, more flexibility is incorporated by discussions of various patterns of risk allocations and responses. In joint ventures, the pattern of risk sharing by the joint venturers in fundamental in allocating the parties' responsibilities, shares in the project work and distribution of costs and anticipated profits.

Risk identification

What constitutes a risk (or uncertainty) may depend upon which project participant is considering the situation. However, the overall areas of risk (time and cost over-runs and quality problems) are common to all participants. Thus, if the identification of risks is common ground, the differentiations must lie in the other aspects of risk management.

Risks and uncertainties have many sources and can be classified in various ways. An important concept is to identify which risks can be controlled and those which cannot. A project's environment can be viewed as a stratified hierarchy of risks, as shown in Figure 2.

At any level of the hierarchy, risks due to sources from outer levels are beyond control and so must be accepted and dealt with. Risks from the level of consideration and from inner levels can be subjected to control by decisions and actions (eg not to execute the particular project; to change firms; to move to another industry).

Hillebrandt (1985) identified project risk characteristics to be due to project size, duration, intensity, proportion sub-contracted, cost proportion attributable to labour and project complexity. Perry and Hayes (1985) suggested that the generic categories of sources of risks are physical design, political, financial, operational, constructional and environmental.

Clearly, careful and, preferably systematic analysis of a project and its environment is necessary to identify the risks accurately. An approach analogous to the well-known SWOT analysis (Strengths, Weaknesses-internal; Opportunities, Threats-external) employing a PEST (Political/legal, Economic, Social, Techniaal) classification, may be helpful. Usefully, such analysis should yield understanding of the risk factors (variables), their causes (events, ie hazards) and sources (people involved).

Identification of risks is a pre-requisite for managing risks.

As the situations of people, their values and perceptions differ, so do those of the organisations which those people represent (Figure 3).

Thus, risk averse people (organisations) require the largest premia for assuming risks.

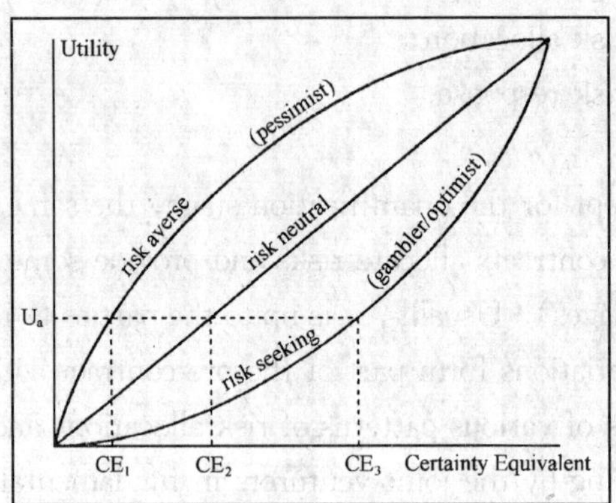

Figure 3: Utility profiles of different attitudes to risk taking

Note: A certainty equivalent (in money) is the receipt of a sum with probability of 100% (or 1. 0). Risk attitudes are depicted by:

- Risk seeking: Utility of Expected Value > Utility of Certainty Equivalent
- Risk neutral: Utility of Expected Value = Utility of Certainty Equivalent
- Risk averse: Utility of Expected Value < Utility of Certainty Equivalent

Risk quantification

By definition, quantification can be applied to risks but not to uncertainties. However, it may be possible to overcome this problem by use of subjectively assessed contingencies (discussed later). it is important that quantification is objective. Each possible outcome should be measured against appropriate criteria, eg, profit-loss; time taken.

Single criterion assessments

Where only one criterion is being considered, say profit-loss, measurement is straightforward. Expected monetary 'value' (EMV-profit or loss multiplied by its probability) is the usual measure. However, two points of difficulty still occur:

- what profit/losses to consider;
- how to determine their probabilities.

With any project, potential profits/losses form a continuum the form of which is unknown-several possibilities are illustrated in Figure 4.

Performance on previously executed projects assists by indicating the likely shape of the distribution for the project in question. It is very helpful if limits can be determined for the project profit/loss. Several statistical measures have been suggesfed for the quantification of risk, the most common are:

- variance;
- standard deviation;
- semi-variance;
- coefficient of variation.

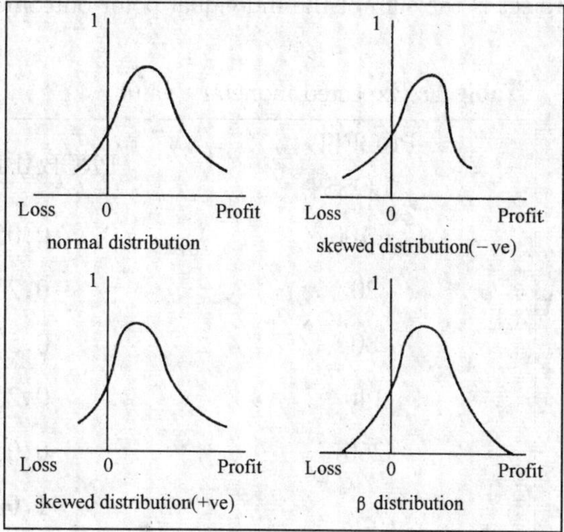

Figure 4: Some alternative shapes of distributions for profit/loss on a project.

Well-known techniques such as Delphi or Monte Carlo simulation may be used. Often the statistical properties of the β-distribution are employed (as in PERT); optimistic and pessimistic points (extremes of the distribution) are determined and a most likely point is determined also.

The mean of the distribution is calculated from:

$$\frac{O+4M+P}{6}$$

Where:

O is optimistic point prediction (eg, shortest duration or lowest cost of the activity)
P is pessimistic point prediction (eg, longest duration or highest cost of the activity)
M is most likely point prediction (eg, most likely duration or cost of the activity)
and the standard deviation $\underline{a}$ as:

$$\underline{a}=\frac{P-O}{6}$$

if O and P are determined as O and 100 percentile points.
More realistically, if O and P are determined as 5 and 95 percentile points then the standard deviation is:

$$\frac{P-O}{3.2}$$

It should be noted that the fixing of the O and P points has much more significance for results than does varying the assumed shape of the distribution.

As an alternative analysis, various points on the assumed distribution can be analysed, say the anticipated mean, the extremes and two other points, one on each side of the mean. The probabilities of the points analysed must sum to 1. The EMV of each point outcome can be calculated, as above, and, if a large number of identical projects is being considered, the EMV of each project is the sum of the individual point outcome EMVs (See Table 1).

Table 1: Expected monetary value

PROFIT /LOSS	PROBABILITY	EMV
-100	0.05	-5
20	0.20	4
80	0.50	40
140	0.20	28
260	0.05	13
	1.00	**80**

Multiple criteria assessments

Where several criteria are applicable to the evaluation of outcomes, the technique of multi-attribute utility analysis is appropriate. Table 2 provides an example of the technique.

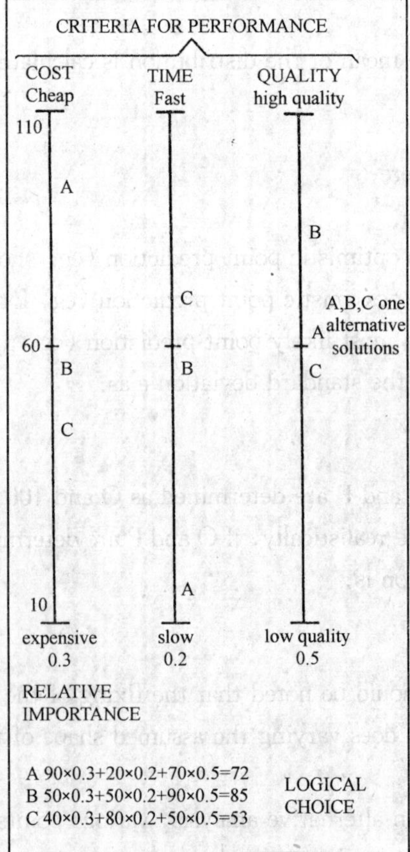

Table 2: Multi-attribute utility analysis

Criteria for Performance

The first step is to select the criteria for judging the outcomes-Table 2 uses time, cost and quality but more precisely detailed criteria will be enjoyed in practice. The number of criteria should be kept small.

The second step is to gauge the relative importance of the criteria; each criterion is allocated a score, the scores are then reviewed until they reflect the relative importance of each criterion; finally the scores are rationalised-adjusted so that they sum to 1.

The third step is to assess the utility of each outcome against each of the criteria. For this process a utility scale of 10 to 110 is advocated.

The final step is to multiply the utility of each outcome against each criterion by each criterion's rationalised score and add those products to obtain a total utility for each outcome. (Table 2 shows outcome B to be the logical choice because it yields the greatest total utility).

The probability of achieving these outcomes can be determined by a variety of methods; one which is particularly helpful is a decision tree. (See Fellows and Langford (1980)). Almost invariably, the probabilities will be determined from analyses of performance on similar projects in the past.

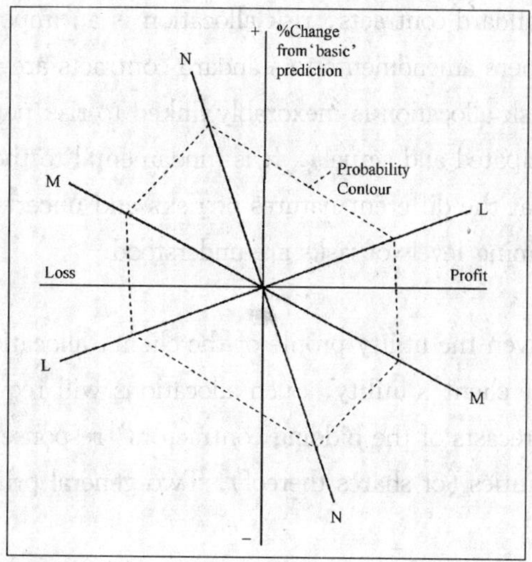

Figure 5: Sensitivity analysis-Spider' diagram with probability contour.

Note: The shallower the gradient of the variable's line, the greater is its effect on the profit.

Sensitivity analyses

What if? questions are of increasing importance to managerial decision making. Computer techniques (packages) facilitate answers to such questions but it is essential not to lose appreciation of the basic data used and assumptions made. Sensitivity analysis seeks to answer the what if? question through isolating the key variable (s) and evaluating the effects of incremental changes in the values assigned to the variable (s). The analyses can be applied to the techniques discussed above quite easily.

'Spider' diagrams often are produced by sensitivity analysis. Again, if profit/loss is the sole criterion, the anticipated profit and the assessed level of the main variables (affecting the profit of the project) form the origin of the diagram. Changes in the profit/loss caused by certain percentage changes in the variable (plus and minus) are calculated and plotted (Figure 5). Usually a single value each side of the origin is used for each variable and straight lines are drawn from the calculated point to the origin; the effects on project profit of each percentage change in the variables can be read-off. The gradient of the lines shows the extent of the effect on the project's anticipated profit. (In Figure 4, the shallower the gradient, the greater is the sensitivity of profit to an incremental change in the variable).

Where risks are assessed, probability points for changes in the variables can be plotted on the spider diagram. Joining up points of equal probability produces a probability contour. Such an approach is not possible where the variables represent uncertainties but, otherwise, the technique is helpful for evaluations by indicating the likely range of outcomes.

Risk allocation

Allocation of the major, generally applicable, risks is performed by standard construction contracts. Naturally, the allocations can be amended by the parties' agreement. In the absence of standard contracts, risk allocation is an important pre-contract managerial decision (especially where amendments to standard contracts are involved).

Risk allocation is inexorably linked to risk perceptions, quantifications and responses (both anticipated and actual). It is fundamental to the successful (hopefully optimal) allocation of risks that the different natures of risks and uncertainties are appreciated and that the factors determining levels of risks are understood.

Given the utility profile of the client, allocations should occur with the objective of maximising the client's utility. Such allocations will require perceptions of contractors' risk aversions and forecasts of the bidding contractors' responses to their being allocated various risks and uncertainties (or shares thereof). Two general principles apply:

- the greater the risk, the more compensation is required for the assumption;
- the greater the risk aversion of a party assuming a risk, the more compensation is required for its assumption

It is a basic tenet of risk allocation that if a party can control a risk, that party should bear the risk-the ability to control the risk then acts as an incentive to enhance performance.

Other things being equal, only risks which contractors can, or should be able to, control should be allocated to them. However, often other things are not equal (see discussion regarding risk responses) and so it emerges that risks and uncertainties should be allocated to parties other than the client, only to the extent that such allocations increase the utility of the project to the client, ie, increases the client's likely satisfaction with the project and/or the value of the project to the client. Perry and Hoare (1992) suggested six principles for allocation of risks:

(ⅰ) allocate each risk to the party most likely to be able to control it;

(ⅱ) risks which cannot be controlled by constructors should be borne by the client;

(ⅲ) a risk should not be allocated to a party who is unlikely to be able to sustain the consequences of the risk occurring;

(ⅳ) risks should be allocated to encourage good management by the parties carrying the risks;

(ⅴ) parties not carrying a risk should be willing and motivated to assist the management of the consequences if the risk occurs, ie they should help the party carrying the risk (this requires commonality of performance goals);

(vi) if the likely impact of a risk's consequences is small, the parties tend to be indifferent over its allocation (care is needed over accumulations and note the portfolio effect).

No matter what actions are taken by participants in a construction project, it is highly likely that each will retain some risks/uncertainties for which compensation will be sought. (*Note*: A client who retains most risks and uncertainties will expect commensurately lower prices).

Risk response

Response is linked closely to risk allocation, particularly as risks can be passed back (a contractor returning tender documents). A common form of risk response is compensation usually monetary-increasing the price-the more risk averse the constructor is, the greater the price increase to compensate for the risk assumption will be.

Responses to risk allocation occur in five ways:

- Remove
- Reduce
- Avoid
- Transfer
- Accept

Risk may be removed, reduced or avoided through re-design of the project or re-location to a different site; for example, with different ground conditions. Sub-contracting is a mechanism for, effectively, transferring risk to the sub-contractor (s).

If a risk is accepted, its financial consequences can be avoided by effecting insurance, ie passing the potential financial consequences, but not the risk itself, to the insurer (s). Normally, the insurance premium will be added to the project price along with appropriate allowance for any excess' on the insurance policy and other associated costs.

Construction is acknowledged to be a relatively high risk industry; in consequence a contractor's cost of capital is likely to be high. However, many contractors regard construction as 'a way of life' and the nature of the industry seems to attract 'gamblers' (riskseekers). These two opposing forces are important in determining contractors; responses to risks and uncertainties allocated to them, notably the monetary compensation they require, and so the less 'risk averse' a contractor is, the lower should be the tenders of that organisation. Thus, there are grounds for contractors to be allocated only those risks which they can control. Other risks and the uncertainties should remain with the client. Although, due to market influences, other allocation patterns may benefit clients on individual projects, over the long term contractors must earn at least normal profits for survivall.

PORTFOLIO EFFECT

As projects involve a variety of risks and uncertainties many organisations undertake a variety of activities. Thus, although analytically convenient, appraisal techniques which consider only individual risks (such as is usual for sensitivity analyses) are rather limited in value.

The portfolio approach analyses how combinations of risks affect the total risk environment of a project or an organisation. Basically, a pair of risks recombine and so form an initial portfolio; further risks are then combined incrementally, each increment producing a revised portfolio to be used for the next combination.

Using variance as a measure of risk, the risk of undertaking two projects, x and y, is Var (x+y), which is the sum of the individual variances (risks) plus twice the covariance, 2 Cov (xy), the degree to which the outcomes of the projects alter in the same, or opposite, way ie:

(Var (x+y) = Var x + Var y + 2 Cov (xy)).

If the outcomes are governed by the same factors and so move together in the same way, combination produces no, or only a little, reduction of risk. If the outcomes move in opposition, combination yields significant risk reduction; an intermediate reduction of risk is achieved if the outcomes move randomly.

Thus, by undertaking disparate projects and activities, reduction in total risk should be achieved. The risk on any project (or investment) comprises:

- basic risk-that risk applicable to any such activity or project;
- specific risk-that additional risk applicable to the particular project

As the basic risk applies to a class of project (or investments) or to projects (investments) generally, portfolio diversification facilitates reduction of the specific risk only.

SOME PRACTICAL CONSEQUENCES

Objective statistical probabilities are determined by extensive repetition of a test. In business situations such tests are seldom possible and so much subjective assessment is necessary. A result may be that the distinguishing of risks and uncertainties is not necessary. Perhaps more helpfully, risks and uncertainties can be dealt with by similar means-this concerns the two facets of quantification and response.

As most risks will be quantified somewhat subjectively, the quantification is unlikely to be exact and so it is practical for the risks to be quantified in the forms of ranges. Table 3 illustrates the techniques applied to probabilities. It is suggested that uncertainties, although strictly random, in some cases may be assessed similarly (See Table 3).

Table 3: Subjective quantifications.

Probability / Risks	LOW (0.10) 0.00-0.20	(0.30) 0.21-0.40	(0.50) 0.41-0.80	(0.70) 0.61-0.80	HIGH (0.90) 0.81-1.00
Event 'A'					
Event 'B'					

Probability / Uncertainties	LOW	MEDIUM	HIGH
Riot Revolution War			

Average, subjective probabilities allocated to bands by the decision taker(s)

Once the risks have been identified, quantified and their allocations fixed, including any risk passing as part of the response procedures, the compensation for the party's residual risks may be determined. To that level of compensation, the following should be added:

- insurance premiums for risks insured;
- calculated compensation for subjectively quantified/assessed uncertainties;
- a contingency to reflect the level of confidence in the assessments of uncertainties and intuitive provision against any remaining uncertainties; the contingency should not be expected to be anything other than a guess.

Tah, Thorpe and McCaffer (1994) found that contractors made financial provision for perceived risks on projects by making additions to projects' prices in (one of) the following ways:

- % in the profit margin;
- separate % on all costs;
- lump sum in the preliminaries;
- % in one bill, if the risk is in that bill alone.

CONCLUSIONS

Many quite straightforward techniques are available to assist in the management of risks. The process of risk management employs a variety of techniques to facilitate identification, quantification and allocation of risks and to determine appropriate responses. Despite the obvious advantages of using risk management, there is little evidence yet of its application by the construction industry.

REFERENCES, BIBLIOGRAPHY AND FURTHER READING

BLOCKLEY, D. 1. (1992) Engineering from reflective practice, *Research in Engineering*

Design, 4, pp 13-22.

BROMWICH, M. (1976) The economics of capital budgeting, Penguin.

BUNN, D. W. (1984) Applied decision analysis, McGraw-Hill.

CARSBERG, B. (1977) Economics of business decisions, Penguin.

FELLOWS, R. F. and LANGFORD, D. A. (1980) Decision theory and tendering, *Building Technology and Management*, October, pp 36-39.

FLANAGAN, R., KENDELL, A. NORMAN, G. ROBINSON, G., (1987) Life cycle costing and risk management, CIB Proceedings of the Fourth International Symposium on Building Economics, Copenhagen, pp 46-61.

FLANAGAN, R. and NORMAN, G. (1993) Risk management and construction, Blackwell Scientific Publications.

HILLEBRANDT, P. M. (1985) Economic theory and the construction industry (2nd ed.), Macmillan.

MARSHALL, H. E. (1991) Economic methods and risk analysis techniques for evaluating building investments-a survey, CIB Report, Publication 136.

MOORE, P. G. (1980) Reason by numbers, Pelican.

MOORE, P. G. and THOMAS, H. (1978) The anatomy of decisions, Penguin.

RERRY, J. G. and HAYES, R. W. (1985) Construction projects-know the risks, *Chartered Mechanical Engineer* Feb., pp 42-45.

PERRY, J. G. and HAYES, R. W. (1985) Risk and its management in construction projects, *Proc. Instn. Civ. Engrs. Part* 1 78 June, pp 499-521.

PERRY, J. G. and HOARE, D. J. (1992) Contracts of the future: risks and rewards, Proceedings Construction Law 2000, 5th annual conference, Centre of Construction Law and Management, London, September.

POULIQUEN, L. Y. (1970) Risk analysis in project appraisal, World Bank Staff Occasional Paper No. 11, John Hopkins University Press.

TAH, J. H. M., THORPE, A. and McCAFFER, R. (1984) A survey of indirect cost estimating in practice, *Construction Management and Economics*, 12 (1), January, pp 31-36.

Appendix 2:

Decision theory and tendering

by R. F. Fellows and D. A. Langford

Building Technology and Management.

The costs of tendering have been estimated as 0.25% of annual turnover for an average tender or alternatively as 1% of the projected contract sum for each tender submitted. In the prevailing economic climate, any reduction in these costs is clearly to the contractor's advantage.
Correct identification of the risks involved can assist in the accurate preparation of tenders. The most obvious risk is that of the client's financial situation. Here bank references or a credit investigation agency can help. Then there is the risk arising from the ability and experience of the client's professional team. The thorough evaluation of such risks will increase the tendering cost, but a marginal increase could be justified, provided the risks were reduced sufficiently. This would lead to a greater success rate in tender submissions, sufficient, at minimum, to offset any cost increases.

Risk and uncertainty

Making a decision involves unknowns: risks and/or uncertainties.
Risk may be defined as an unknown, the probability of the occurrence of which *can* be assessed by statistical means. Uncertainty, on the other hand, is an unknown, the probability of the occurrence of which *cannot* be assessed. (However a subjective assessment, may lead the decision-maker to assign a probability to its occurrence).
As knowledge increases, and the wealth of statistical data regarding uncertain events increases, areas of uncertainty may be progressively transferred to areas of risk.

Optimism and pessimism

Another factor which may influence a decision is whether the decision-maker is an optimist or a pessimist.
Optimists and pessimists will put a similar value on the positive aspects of the outcome of a decision; it is only in their evaluation of its negative aspects that the difference between them becomes evident. A pessimist will allot far greater negative values to a potentially negative outcome than will an optimist, thereby producing a significantly different outcome evaluation spectrum.

Outcome distribution

In any investment decision, including construction tendering, the outcomes to the investor may be represented graphically by a distribution curve or probability density function (PDF) (Figure 1). The shape of the curve will differ for each scenario postulated and several typical curves are illustrated in figures 2-4.

These distribution curves have multiple uses as representative graphics. Figure 5a, for example, could be a useful tool for a client considering a negotiated 'Cost Plus' contract, where the fee would replace the probability axis, and the cost replace the bid axis, the agreed target cost being a value at or near the mode such that the fee is decreased if the project, as tendered for, exceeds its target cost. Bi-modal distributions have also been suggested as a more accurate and more sophisticated analysis of competitive construction bidding.

Another useful concept to use as a scale in place of probability is that of probable profit contribution (PPC). This is obtained by multiplying the *profit produced if a bid were successful* by the *probability of success of that bid*.

Profit

Profit, the excess of income over expenditure, is still the most important criterion for an economic action, particularly in the construction industry.

If a firm wishes to remain in business, conventional economic theory tells us that it must make a profit in the long term. Normal profit, ie, the net earnings necessary to retain the entrepreneurs in that business, is thus regarded as a long term 'cost', in addition to the traditional (and more easily appreciated and accepted) costs.

Over a shorter period, a firm may continue to operate provided it covers only its variable costs, any excess earnings over this assisting with the payment of fixed costs. This theory assists in the explanation of why and how firms survive in recessions by 'buying work'. Whilst 'buying in' work is automatically seen as unattractive, it may still give positive utility value to a firm. For instance, a potential contract may only be the first phase which might lead to further work *if* the first phase is won: this may decrease the short term profitability, but long term prospects may be brighter as a result. At present, too, skilled labour is at a premium. Continuity of employment is an important inducement for such employees to remain with the company. Recognising this and the need to keep all the company's resources 'moving', management may decide to depress normal profit when carrying out the adjudication process.

Public relations may also be a vital consideration. A potential contract may be sufficiently prestigious to act as a long term investment: a lead, perhaps, to future negotiated contracts. Again, this may necessitate the contractor going in at less than normal profit.

However, 'buying in' may eliminate alternative sources of profit. For instance, market forecasts may suggest that in x months time some bouyancy may return to the speculative housing market. This may be a field in which the company is well experienced and has shown particularly good financial returns. If the company 'buys in' work at less than normal profit, it may tie up resources which prevent it from entering the speculative housing market until it has finished this particular contract. This will need to be considered at the adjudication stage.

All of these factors have to be considered -but the real question is: how are they to be quantified? Here, decision analysis may assist the contractor.

The technique can be applied to the tendering problem shown in Figure 6. First, several 'utility criteria' are established. These are the factors that the contractor sees as important in the production of the tender. In the example, five have been itemised, but the pertinent factors would have to be assessed for each potential contract. These are evaluated against the possibe 'outcome' of a bid shown in Figure 8. Here, the decisions concerning a tender have been broken down into a decision tree-a type of flow-chart. Again, some five possible 'outcomes' are shown: returning the documents (outcome A); submitting a 'cover price' (B); providing detailed estimates and a tender conversion (C); preparing a tender based upon approximate estimates (D); or reworking the tender (E). Each of these possible 'outcomes' is evaluated on a scale, against each 'utility criterion'. This will give an assessment of the desirability of an 'outcome'. A scale of 10-110 has been used, giving a sufficient interval for assessment, whilst avoiding the possibility of 'outcomes' having zero value.

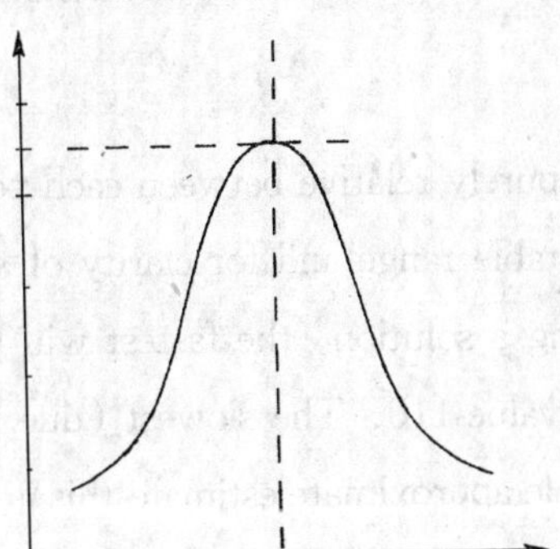

Figure 1: outcome distribution curve

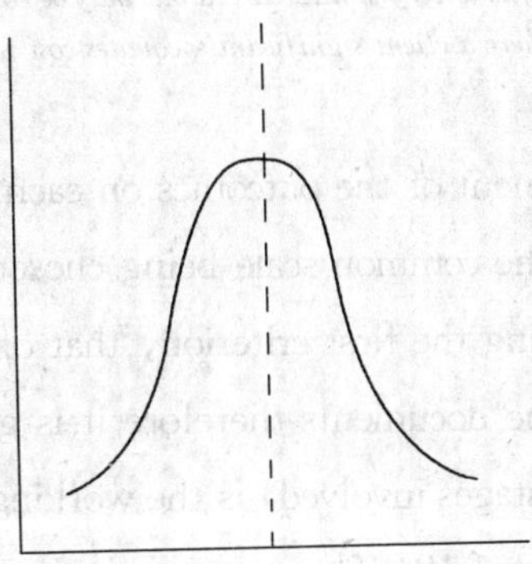

Figure 2: usual distribution approximating to a normal distribution but really a β distribution.
This distribution shows a pronounced mode and so the region of the 'best' bid is quite obvious.

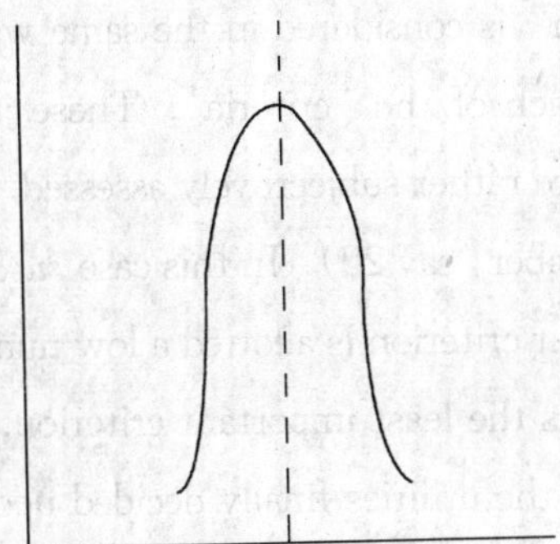

Figure 3: small range for returns-close distribution around the mode and small tails.
Here the mode is extremely pronounced so only bids within a very limited range should be considered.

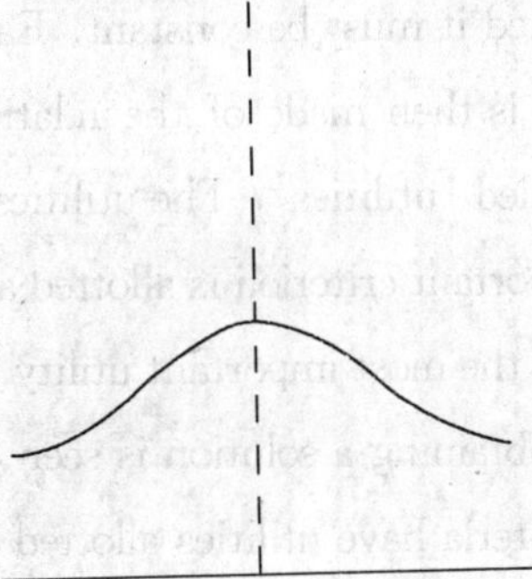

Figure 4: wide range distribution-very significant tails-comparatively little certainty about outcome.
This distribution is very flat and so extends over a wide range of possible bids as indicated by the large 'tails'. In such an instance, if rate of return were plotted against probability for an investment decision, the left hand tail could well be indicative of a considerable possibility of the investment resulting in a loss to the investor, even though the mode of the distribution indicated that a profit should be expected.

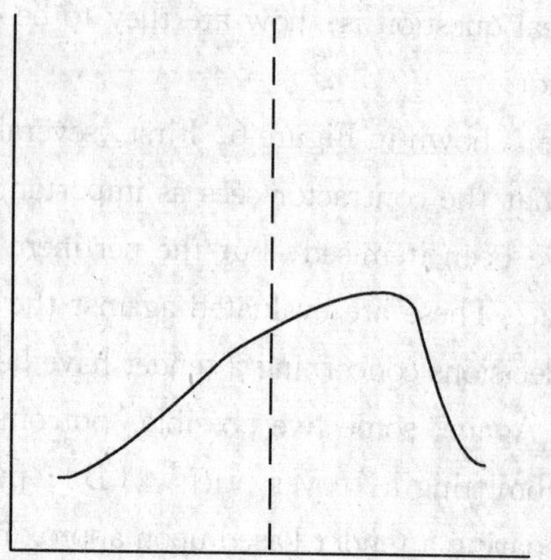
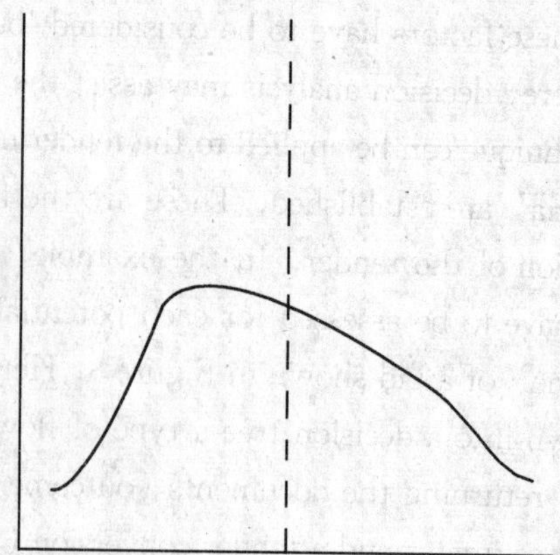

Figure 5a and 5b: skewed distributions-definite mode but long tail one side.
Figure 5a: this indicates a wide range of bids up to the mode with a reasonable chance of success and, possibly, a small chance of a loss or a very low bid being submitted and accepted. The probability of submitting a successful bid falls off dramatically once the modal bid is exceeded.
Figure 5b: this is very similar to 5a but may be considered almost as its mirror image. Such a situation could arise, for example, where a client significantly equates cost with quality.

The assessment of the outcomes on each criterion scale is purely relative between each possible outcome; the common scale being chosen to provide a suitable range and for clarity of assessment. Taking the first criterion, that of speed in obtaining a solution, the fastest will be the return of the documents-therefore it is given the highest value-110. The slowest (due to the number of stages involved) is the working of an unacceptable approximate estimate-this is of the lowest value of 10. These are marked on the vertical bar. The other possible 'outcomes' fall somewhere between these two points. These assessments may be based upon intuition, past data research information, etc. Usually a fixture of these is used, but whatever assessment technique is applied it must be constant. Each 'utility criterion' is considered in the same way.
A judgement is then made of the relative importance of each of the 'criteria'. These judgements are called 'utilities'. The utilities of each criterion are rather subjecti vely assessed. First the most important criterion is allotted a utility (a high number, say 20). In this case *success* is deemed to be the most important utility. The least important criterion is allotted a low number. The cost of obtaining a solution is seen, in this instance, as the least important criterion.
The other criteria have utilities allotted in this way so that the utilities finally decided upon for each criterion indicate their relative importance. The utility numbers are then added and the utilities then rationalised, ie, the utility number of each criterion is divided by the total of the utility numbers, eg, for speed 5/45 = . 11, for accuracy 7/45 = 0. 16. In every instance the sum of the rationalised utilities for the criteria *must* be 1. 0.
Next, each possible 'outcome' of the bid is taken and the value, marked on the scale, is mul-

tiplied by the rationalised utility of that criterion. Taking 'outcome' *A* along the 'speed' criterion:

A is assessed at 110 and the 'speed' criteria has a rationalised utility of 0. 11-110 X. 11 = 12. 10

Each of the possible outcomes is measured against each 'utility criterion' and entered in the matrix shown in Figure 7. Each row is added up to give the total on the right hand side of the table. These totals are then written against the relevant outcomes on the decision tree, shown on the right hand side of Figure 8*.

The paths leading from the event nodes of the decision tree are then subjected to a probability assessment (in the example this is whether the approximate estimate method will produce an acceptable result (85%) or not (15%).

The decision tree is then 'folded back' -the outcome utility totals are written against the nodes of the decision tree working from its right-hand side as follows:

(a) Where a node is within a single path, write the total utility of the node of the same path, immediately to the right of the node being considered.

(b) Where paths intersect at an event node, multiply (for each path to the right of that node) the *utility* of the node next right of the event node, by the *probability* of that path. Sum the utilities thus obtained. The total produced is the utility at that node.

(c) Where paths intersect at an activity node, choose the node with the highest utility, immediately to the right, on a path leading right from that activity node, that is, the utility of that activity node. The other path (s) leading right from that activity node (having lower utilities) should be cut by two parallel lines to indicate that they are of lower utility.

(d) One path should result, running through the decision tree from start to finish (left to right). This is the path of greatest utility and thus represents the logical decision to make.

In this way the experience and judgement of the tendering contractor and his estimator can be quantified and aid decision making. Where several 'outcomes' have very similar utility values, sensitivity analysis can be used to assist in identifying the best route. This statistical technique is, however, beyond the scope of this paper.

In this simple example, only five 'utility criteria' have been used but clearly many more can be built in to the model. Computer packages are available for the solution of more complex problems.

By using the available data from contractors' previous job performances the bid assembly can be scientifically built up. Such applications may reduce the risk and uncertainty involved in obtaining work.

---

* The mechanics of operating a decision tree are given in Annex Ⅰ.

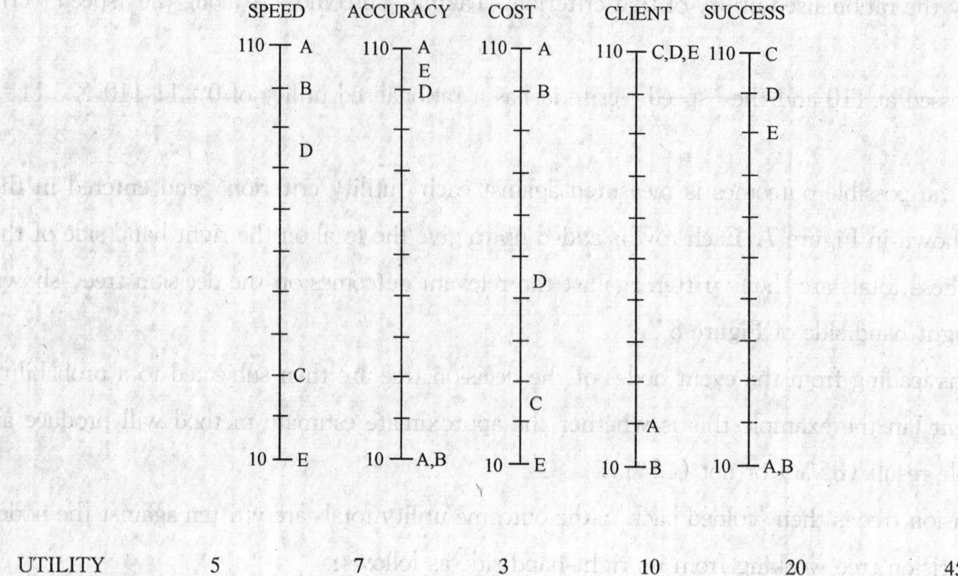

						TOTAL
UTILITY	5	7	3	10	20	45
RATIONALISED UTILITY	0.11	0.16	0.07	0.22	0.44	1.00

1. *Speed of obtaining solution*
2. *Accuracy of solution*
3. *Cost of solution*
4. *Client / consultant consideration (risk, attitudes etc)*
5. *Benefits, success potential to firm (profitability potential; employment of resources: continuity of work etc. work type?)*

Figure 6: utility criteria

OUTCOME \ CRITERION	(1)	(2)	(3)	(4)	(5)	TOTAL
A	12.10	1.60	7.70	4.40	4.40	30.20
B	11.00	1.60	7.00	2.20	4.40	26.20
C	3.30	17.60	1.75	24.20	48.40	95.25
D	9.35	16.00	3.85	24.20	44.00	97.40
E	1.10	16.80	0.70	24.20	39.60	82.40

Figure 7

Annex I

Decision analysis

Decision analysis is a technique enabling greater objectivity to be employed in decision-making. It was developed at the Harvard Business School, largely during the 1960s, by Howard Raiffa and Robert chlaifer following early pioneering statistical concepts postulated by Thomas Bayes in the 18th century.

The application of decision analysis to problem-solving follows a logical path comprised of 6 major steps. These are described below:

1. *Analysis of the problem*

Any problem about which a decision is to be made may be split into quite simple steps and components which, individually, are easy manage. This is usually achieved by careful construction of a decision tree-a type of flow chart for the decision showing all the possible stages and outcomes. As with any flow chart, each decision stage must be coherent, ie, fit together correctly with all other associated decision stages.

2. *Describe outcomes*

This requires a full description of all criteria for each possible outcome. It involves clarifying the objectives for the problem solution in order to determine the relevant facets of the outcomes and noting these at the right hand end of each path through the decision tree.

3. *Assess value of outcomes*

This, especially for more complex problems, will be done by employing multiattribute utility analysis. The criteria for the solution are all noted and then assessed relatively to determine the importance of each criterion to the solution, the criteria being 'rationalised' prior to solution calculations (see 5).

The relative desirability of each outcome is determined with respect to each criterion, a suitable scale of utility for the criteria being used for this purpose (say 10 to 110, for convenience. A scale of 100 units but commencing at 10 gives a good interval for assessment whilst avoiding the possible conceptual problem of outcomes having zero utility in respect of certain criteria.)

4. *Assess probabilities*

In a similar manner to assessing the value of the outcomes (see 3), this attempts to lend objectivity to subjective assessments, so precautions are necessary to ensure accuracy and compatibility.

This assessment may be based upon intuition, past data, research information etc; most usually, a mixture is used. Obviously, the assessment technique should be constant,

5. *'Fold-back' the decision tree*

Working from right to left on the decision tree, expected (weighted average) utilities are calculated at each event node (by multiplying utility by probability and summing the paths emerging from that node towards the outcomes).

At each activity node the path with the greatest utility is selected. By repeated application along each decision path, eliminating each path representing a lower utility, the 'best' path (that with the highest calculated utility) may be determined.

6. *Sensitivity analysis*

This is used to identify crucial elements of a decision and is effected by varying some of the judgments used in the analysis to determine how responsive the outcome is to an alteration of that judgment. This is especially useful to help guide the decision maker where outcomes have very similar utility values.

Annex Ⅱ

Bayes Theorem

This theorem, developed by Thomas Bayes and dating from the middle of the eighteenth century, enables, probabilities to be objectively revised when further information is made available (eg, by market research).

The initial, often intuitive, probability assessment is termed the *prior probability*; the study assessment is termed the *conditional probability* (see below) and the combination of these two is termed the *posterior probability*.

For example:

Ei where $i=1, 2, \cdots\cdots r$ are the events where there are r number of mutually exclusive (independent) and only possible results. Event F may occur only if one of the r events happens. Thus, the probability that Ej happens when F is known to have occurred is:

$$P(Ej/F) = P(Ej)\ P(F/Ej)\ {}_{i=1}^{r} P(Ei)\ P(F/Ei)$$

where

$P(Ei)$ = prior probability of events

$P(F/Ei)$ = conditional probability that F occurs, given that event Ei has occurred

$P(Ei/F)$ = posterior probability of event Ei given that F has occurred.

Example:

The marketing director estimates the probability of a new insulation block being superior to its competitors as 0.8.

Quick market research by a consultant into this hypothesis will be accurate to a probability of 0.7.

Let E_1 denote block is superior.

E_2 denote it is not.

Prior probabilities:

$P(E_1)=0.8$; $P(E_2)=0.2$

F denotes that market research indicates that the new block is superior.

Conditional probabilities:

$$P(F/E_1)=0.7;\ P(F/E_2)=0.3$$

Posterior probability that the new block is superior:

$$P(E_1/F) = \frac{P(E_1)\ P(F/E_1)}{P(E_1)\ P(F/E_1) + P(E_2)\ P(F/E_2)}$$

$$=\frac{0.8\times0.7}{0.8\times0.7+0.2\times0.3}$$
$$=0.903$$

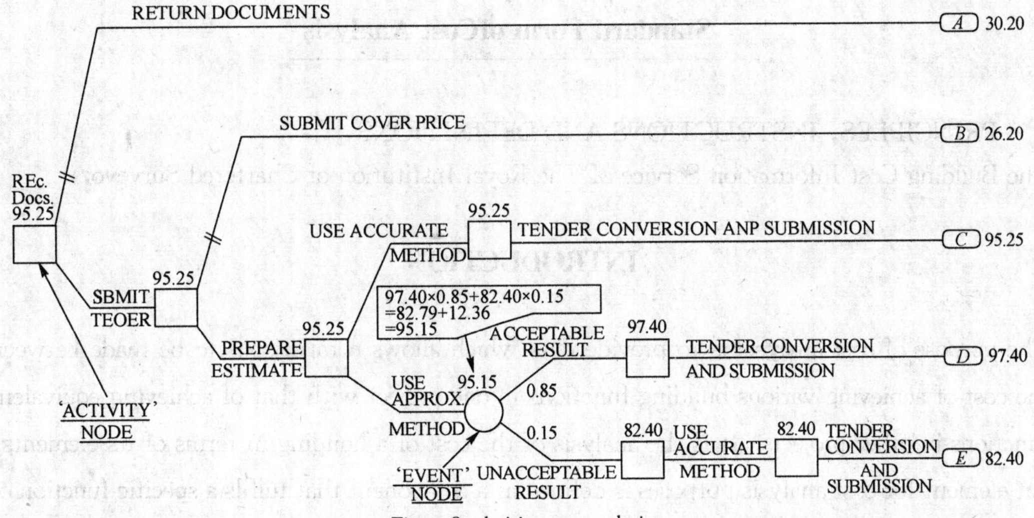

Figure 8: decision tree analysis

Bibliography

MOORE P. G. and THOMAS H, *The anatomy of decision*, Penguin Modern Management Texts

LANGFORD D. A., and WONG H., Towards assessing risks, *Building Technology and Management*, *April* 1979

FARROW J. J., *Tendering: an applied science*, IOB Occasional paper No. 1

SCHOFIELD C. D. A., Financial decision making and the analysis of risk and uncertainty, *The Quantity Surveyor*, May 1975 *Information required before estimating*, IOB, October 1970

Code of procedure for single stage selective tendering, 1977, NJCC

Code of estimating practice, IOB, 1979

FINE B., Aspects of the economics of construction, Chapter 8, *Tendering Strategy*, *Godwin*

Cool response to public ownership, L B C, Radio discussion transcription, *Building*, 24 March 1978.

Appendix 3:

Standard Form ofCost Analysis

PRINCIPLES, INSTRUCTIONS AND DEFINITIONS

The Building Cost Information Service of The Royal Institution of Chartered Surveyors.

INTRODUCTION

The purpose of cost analysis is to provide data which allows comparisons to be made between the cost of achieving various building functions in one project with that of achieving equivalent functions in other projects. It is the analysis of the cost of a building in terms of its elements. An element for cost analysis purposes is defined as a component that fulfils a specific function or functions irrespective of its design, specification or construction. The list of elements, however, is a compromise between this definition and what is considered practical.

The cost analysis allows for varying degrees of detail related to the design process; broad costs are needed during the initial period and progressively more detail is required as the design is developed. The elemental costs are related to square metre of gross internal floor area and also to a parameter more closely identifiable with the elements function, i. e. the element's unit quantity. More detailed analysis relates costs to form of construction within the element shown by 'All-in' unit rates.

Supporting information on contract, design/shape and market factors are defined so that the costs analysed can be fully understood.

The aim has been to produce standardisation of cost analyses and a single format for presentation.

This document has been prepared jointly by J. D. M. Robertson, F. R. I. C. S., A. M. B. I. M., on behalf of the R. I. C. S. Building Cost Information Service and by R. S. Mitchell, A. R. I. C. S., on behalf of the Ministry of Public Building and Works. The principles and definitions are based upon the report of a working party under the chairmanship of E. H. Wilson, F. R. I. C. S., and the analysis of services elements has had the assistance of a report by a working party under the chairmanship of A. W. Ovenden, F. R. I. C. S.

The principles and definitions of cost analysis and this format are supported by: -

The Quantity Surveyor's Committee of The Royal Institution ofChartered Surveyors
The R. I. C. S. Building Cost Information Service, and
The Chief Quantity Surveyors of: -

The Ministry of Public Building and Works.
The Department of Health and Social Security.
The Ministry of Housing and Local Government.
The Department of Education and Science.
The Home Office.
The Scottish Development Department.

THE STANDARD FORM OF COST ANALYSIS

1: PRINCIPLES OF ANALYSIS

The basic principles for the analysis of the cost of building work are as follows: -

1.1 A building within a project shall be analysed separately.

1.2 Information shall be provided to facilitate the preparation of estimates based on abbreviated measurements.

1.3 Analysis shall be in stages with each stage giving progressively more detail; the detailed costs at each stage should equal the costs of the relevant group in the preceding stage. At any stage of analysis any significant cost items that are important to a proper and more useful understanding of the analysis shall be identified.

1.4 Preliminaries shall be dealt with as prescribed for the appropriate analyses.

1.5 Lump sum adjustments shall be spread pro-rata amongst all elements of the building (s) and external works based on all work excluding Prime Cost and Provisional Sums contained within the elements.

1.6 Professional fees shall not form part of the cost analysis.

1.7 Contingency sums to cover unforeseen expenditure shall not be included in the analysis of prices, but shown separately.

1.8 The principal cost unit for all elements of the building (s) shall be expressed in £ to two decimal places per square metre of gross internal floor area.

1.9 A functional unit cost shall be given.

1.10 In Amplified Analyses, design criteria shall be given against each element. Special design and performance problems shall be identified.

1.11 The definitions of terms for cost analysis shall be those given hereafter.

1.12 The elements for cost analysis shall be those given hereafter.

1.13 The contents of each element shall be as given hereafter.

1.14 The principles of further detailed analysis shall be as given hereafter.

2: INSTRUCTIONS

2.1 GENERALLY

2.1.1 Definition of terms

Definitions of terms used throughout the analysis follow these instructions.

2.1.2 Complex contracts

A cost analysis must apply to a single building. In a complex contract (i. e. a contract which contains a requirement for the erection of more than one building) the size of the contract may have an important bearing on price levels obtained. If this situation occurs, it should be identified in the box "Project details and site conditions" on the first sheet of the analysis.

2.1.3 Omissions or exclusions

Where items of work which are normally provided under the building contract have been excluded or supplied separately, this should be stated where appropriate.

2.2 PROJECT INFORMATION

2.2.1 Building type

CI/SfB classification will be given and restricted to the "Built environment" classification taken from Table 0.

A "College of further education" will therefore be classified and shown as: -

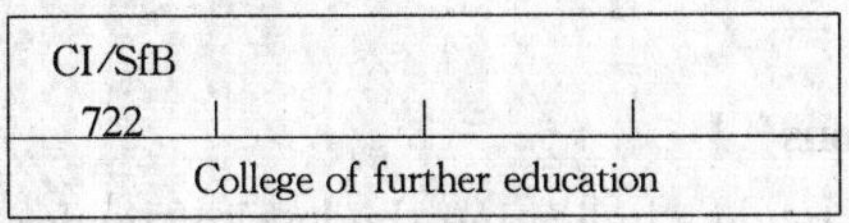

2.2.2 BCIS code

The BCIS reference code classifies buildings by the form of construction, number of storeys and gross internal floor area in square metres.

The different construction classes are: -

A Steel framed construction

B Reinforced concrete framed construction

C Brick construction

D Light framed steel or reinforced concrete construction.

A single-storey building of 766 square metres of gross internal floor area and built in traditional construction would have the following BCIS code: - C-1-766.

2.2.3 Client

Indication should be given of the type of client, e.g. borough council; church authority; owner-occupier; government department; property company; etc.

2.2.4 Location

The location of the project should be given, noting the city or the county borough or alternatively the borough and the county, e. g. Bristol, or Richmond, Surrey. The location may be reported less precisely if the client so desires.

2.2.5 Tender date

(1) Date fixed for receipt of tenders.

(2) "The date of tender" i. e. 10 days before date of receipt.

2.2.6 Brief description of total project

(a) Brief description of the building being analysed and of the total project of which it forms part.

(b) Any special or unusual features affecting the overall cost not otherwise shown or detailed in the analysis.

2.2.7 Site conditions

(a) Site conditions with regard to access, proximity of other buildings and construction difficulties related to topographical, geological or climatic conditions.

(b) Site conditions prior to building, e. g. woodland, existing building, etc.

2.2.8 Market conditions

Short report on tenders indicating the level of tendering, local conditions with regard to availability of labour and materials, keenness and competition.

2.2.9 Contract particulars of total project

(a) Type of contract, e.g. R. I. B. A. (with or without Quantities), CCC/Wks/1, etc.
(b) Bills of quantities, bills of approximate quantities, schedule of rates.
(c) Open or selected competition, negotiated, serial or continuation contract.
(d) Firm price or, if fluctuating, whether for labour or materials or both.
(e) Number of contractors to which tender documents sent.
(f) Number of tenders received.
(g) Contract periods: (ⅰ) stipulated by client;
(ⅱ) quoted by builder.

2.2.10 Tender list

(a) List of tenders received in descending value order.
(b) Indicate whether tenders were from local builders (L) or builders acting on a national scale (N).

2.3 DESIGN/SHAPE INFORMATION OF SINGLE BUILDINGS

2.3.1 Accommodation, design features

(a) General description of accommodation.
(b) Where a building incorporates more than one function (e.g. a block of offices with shops or car park deck) the gross floor areas of each should be shown separately.
(c) Where drawings are not provided, a thumbnail sketch shall be given of the building showing overall dimensions and number of storeys in height for each part related to ground floor datum (i. e. ⊕ for ground floor and upper storeys, ⊖ for basement storeys).
(d) Any particular factors affecting design/cost relationship resulting from user requirements or dictates of the site (user requirement is defined in R. I. B.

A. Handbook as the area of accommodation, the activities for which a building is required, and the quality and standards it should achieve as stated by the client).

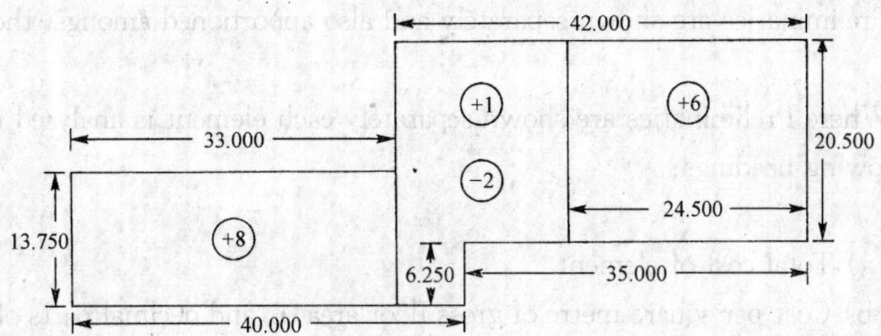

2.3.2 Floor areas

The measurement of floor areas and the information required on the form is that detailed hereafter under "Definitions".

2.3.3 Number of storeys

(a) Approximate percentage of building (based on gross floor area) having different number of storeys, i. e. 20% single storey, 30% two storey, 50% three storey.

(b) Excludes structures such as lift, plant or tank rooms and the like above main roof slab.

2.3.4 Storey height

Storey heights shall be given and differing heights stated separately (See Definitions).

2.4 BRIEF COST INFORMATION

2.4.1 Preliminaries and contingencies

The totals for preliminaries and contingencies for the building being analysed should be stated and also each should be expressed as a percentage of the remainder of the contract sum. The analysis of prices does not include Contingencies.

2.4.2 Functional unit cost

The functional unit cost should be calculated by dividing the total of the group elements (including preliminaries but excluding external works) by the total number of functional units. (See Definitions.)

2.5 SUMMARY OF ELEMENT COSTS

2.5.1 Elements

The building prices are analysed by the elements.

Preliminaries are shown separately and also apportioned amongst the elements.

Where Preliminaries are shown separately each element is analysed under the following headings: -

(a) Total cost of element.

(b) Cost per square metre of gross floor area £ and decimal parts of a £ (to two decimal places).

(c) Element unit quantity (as later described).

(d) Element unit rate £ and decimal parts of a £ (to two decimal places).

Where Preliminaries have been apportioned each element is analysed under the following headings: -

(a) Total cost of element.

(b) Cost per square metre of gross floor area £ and decimal parts of a £ (to two decimal places).

2.5.2 Group elements

Sub-totals are shown for the group elements: - substructure, superstructure, internal finishes, fittings and furnishings, services and external works.
Costs per square metre of gross floor area expressed in £ and decimal parts of a £ are calculated for the group elements.

Costs per square metre are also shown adjusted to a base date and in the case of analyses submitted to BCIS this will be made by the Service using the BCIS cost indices.

2.6 AMPLIFIED COST ANALYSIS

2.6.1 Elements

The standard list of elements to be used for amplified cost analyses is that described in the following pages. The cost of each element must conform with the appropriate list of items shown in the specification notes for each element and with the principles of analysis.

2.6.2 Design criteria and specification

Design criteria relate to requirements, purpose and function of the element, and an outline of the design criteria is noted under each element.

The specification notes are considered to reflect architects' solution to the conditions expressed by the design criteria and should indicate the quality of building achieved.

Specification notes provide a check list of the items which should be included with each elements. Notes should adequately describe the form of construction and quality of material sufficiently to explain the costs in the analysis.

The instructions of the specification notes which follow are definitions of principle and where any departure from them seems necessary, a note should be made explaining how these cases have been dealt with.

2.6.3 Preliminaries

In the Amplified Analysis the element costs do not include Preliminaries which are to be analysed separately. However, under each element is to be included a figure which represents Preliminaries expressed as a percentage of the remainder of the contract sum.

2.6.4 External works

The expression of cost of external works related to gross floor area of the building (s) is not particularly meaningful. It is used in the "Summary of element costs" so that the totals agree arithmetically, but in the Amplified Analysis there are no detailed costs required by this method.

2.6.5 Total cost of element

This is the cost of each element and the items comprising it should correspond with the notes in the right-hand column headed "Specification".

If no cost is attributed to an element, a dash should be inserted in the cost column and a note made to the effect that this element is not applicable.

Where the costs of more than one element are grouped together, a note should be inserted against each of the affected elements, explaining where the costs have been included. For example, if windows in curtain walling are included in "External walls" it should be so stated in the element "Windows" and details of the cost included with the element "External walls".

2.6.6 Cost of element per square metre of gross floor area

This is the "Total cost of element" divided by the gross floor area of the building.

2.6.7 Element unit quantity

In an amplified analysis, the cost of the element is expressed in suitable units which relate solely to the quantity of the element itself.

Instructions are given in the appropriate column which show what element unit quantity is to be used for each element, e. g. in the case of "Floor finishes" the element unit quantity is the "Total area of the floor finishes in square metres" and in the case of "Heat source" the element unit quantity is "kilowatts".

(i) Area for element unit quantities

All areas must be the net area of the element, e. g. external walls should exclude window and door openings, etc.

(ii) Cubes for element unit quantities

Cubes for air conditioning, etc., shall be measured as the net floor area of that part treated, multiplied by the height from the floor finish to the underside of the ceiling finish (abbreviated to Tm^3).

2.6.8 Element unit rate

This is the total cost of the element divided by the element unit quantity. In effect it includes the main items and the labour items of the element expressed in terms of that element's own parameter. For example, in the case of "Floor finishes" it is the total cost of the floor finishes divided by their net areas in square metres; in the case of "Heat source" the elemental unit rate is the total cost of the heat source divided by its own parameter, the number of kilowatts. Elemental unit rates are shown in £ and decimal parts of a £ (to two decimal places).

2.6.9 Further quality breakdown

Where various forms of construction or finish exist within one element the net areas and costs of the various types of construction should be included separately in the specification notes and provision has been made where appropriate.

The area of each form of construction is the net area involved and excludes all openings, etc.

The cost of each form of construction is the total cost of all items pertaining to that construction.

2.6.10 The following is an example of how the amplified analysis form should be completed.

Element of design criteria	Total cost of element £	Cost of element per m^2 of gross floor area £	Element unit quantity	Element unit rate £	Specification
3.B Floor finishes	1.664	2.17	694m^2	2.40	19 mm granolithic laid monolithic, no skirting. 3 mm thermoplastic tiles Series 2 on 48 mm cement and sand screed, softwood skirting. 3 mm vinylised tiles on 48 mm cement and sand screed, softwood skirting. 25 mm (1″) "West African" sapele wood block floor on 37 mm cement and sand screed, softwood skirting. 16 mm (5/8″) red quarries on 34 mm screed, quarry skirting.
Preliminaries 9.73% of remainder of contract sum.					

Floor finishes	£	Area m^2	All-in unit rate £
19 mm granolithic	30	30	1.00
3 mm thermoplastic Series 2	18	13	1.39
3 mm vinylised tiles	616	395	1.56
25 mm (1″) sapele blocks	570	161	3.54
16 mm (5/8″) quarries	430	95	4.52

3: DEFINITIONS

3.1 Enclosed spaces

1. All spaces which have a floor and ceiling and enclosing walls on all sides for the full or partial height.

2. Open balustrades, louvres, screens and the like shall be deemed to be enclosing walls.

3.2 Basement floors

All floors below the ground floor.

3.3 Ground floor

The floor which is nearest the level of the outside ground.

3.4 Upper floors

All floors which do not fall into any of the previously defined categories.

3.5 Gross floor area

1. Total of all enclosed spaces fulfilling the functional requirements of the building measured to the internal structural face of the enclosing walls.

2. Includes area occupied by partitions, columns, chinmey breasts, internal structural or party walls, stairwells, lift wells, and the like.

3. Includes lift, plant, tank rooms and the like above main roof slab.

4. Sloping surfaces such as staircases, galleries, tiered terraces and the like should be measured flat on plan.

Note: (i) Excludes any spaces fulfilling the functional requirements of the building which are not enclosed spaces (e. g. open ground floors, open covered ways and the like). These should each be shown separately.

(ii) Excludes private balconies and private verandahs which should be shown separately.

3.6 Net floor area

Net floor area shall be measured within the structural face of the enclosing walls as "Usable", "Circulation" and "Ancillary" as defined below. Areas occupied by partitions, columns, chimney breast, internal structural or party walls are excluded from these groups, and are shown separately under "Internal divisions".

1. Usable

Total area of all enclosed spaces fulfilling the main functional requirements of the building (e. g. office space, shop space, public house drinking area, etc.).

2. Circulation

Total area of all enclosed spaces forming entrance halls, corridors, staircases, lift wells, connecting links and the like.

3. Ancillary

Total area of all enclosed spaces for lavatories, cloakrooms, kitchens, cleaners' rooms, lift, plant and tank rooms and the like, supplementary to the main function of the building.

4. Internal divisions

The area occupied by partitions, columns, chimney breasts, internal structural or party walls.

Note: The sum of the areas falling in the categories defined above will equal the gross floor area.

3.7 Net habitable floor area (residential buildings only)

1. Total area of all enclosed spaces forming the dwelling measured within the structural internal face of the enclosing walls.

2. Includes areas occupied by partitions, columns, chimney breasts and the like.

3. Excludes all balconies, public access spaces, communal laundries, drying rooms, lift, plant and tank rooms and the like.

3.8 Roof area

1. Plan area measured across the eaves overhang or to the inner face of parapet walls.

2. Includes area covered by rooflights.

3. Sloping and pitched roofs should be measured on plan area.

3.9 External wall area

The wall area of all the enclosed spaces fulfilling the functional requirements of the building measured on the outer face of external walls and overall windows and doors, etc.

3.10 Wall to floor ratio

Calculated by dividing the external wall area by the gross floor area to three decimal places.

3.11 Element ratios

Calculated by dividing the net area of the element by the gross floor area to three decimal places.

Note: In the case of buildings, where only a part is treated or served by mechanical or electrical installations, indication of this is given by a ratio as follows: -

$$\frac{t\ m^2}{\text{gross floor area}}$$

where t m^2 is the total net area in square metres of the various compartments treated or served.

3.12 Storey height

1. Height measured from floor finish to floor finish.

2. For single-storey buildings and top floor of multi-storied buildings, the height shall be measured from floor finish to underside of ceiling finish.

3.13 Internal cube

1. To include all enclosed spaces fulfilling the requirements of the building.

2. The cube should be measured as the gross internal floor area of each floor multiplied by its storey height.

3. Any spaces fulfilling a requirement of the building, which are not enclosed spaces, such as open ground floors, open covered ways and the like, should be shown separately giving the notional cubic content of each, ascertained by notionally enclosing the open top or sides.

3.14 Functional unit

The functional unit shall be expressed as net usable floor area (offices, factories, public houses, etc.) or as a number of units of accommodation (seats in churches, school places, persons per dwelling, etc.).

4: FORMS OF ANALYSIS AND GUIDANCE NOTES

4.1 Concise, detailed and amplified forms of cost analysis

The standard method of cost analysis described here is in stages with each stage giving progressively more detail; the detailed costs at each stage should equal the costs of the relevant group in the preceding stage. At any stage of analysis any significant cost items that are important to a proper and more useful understanding of the analysis should be identified.

Forms of cost analysis have been prepared in three degrees of detail, Concise, Detailed and Amplified. The Detailed and Amplified forms are laid out as follows: -

General and Background information and Summary of Elemental Costs for use with Detailed and Amplified Analyses.

Check list of Specification and Design Notes which should accompany the Detailed Analysis.

Breakdown of the information required in an Amplified Analysis.

For details of the Concise Cost Analysis see The Building Cost Information Service Section H.

4.2 Tank rooms

Where tank rooms, housing and the like are included in the gross floor area, their component parts shall be analysed in detail under the appropriate elements. Where this is not the case, their costs should be included as "Builder's work in connection" (5. 14).

4.3 Glazing and ironmongery

Glazing and ironmongery should be included in the elements containing the items to which they are fixed.

4.4 Decoration

Decoration, except to fair-faced work, should be included with the surface to which it is applied, allocated to the appropriate element, and the costs shown separately. Painting and decorating to fair-faced work is to be treated as a "Finishing".

4.5 Chimneys

Chimneys and flues which are an integral part of the structure shall be included with the appropriate structural elements.

4.6 Drawings

Drawings, A4 size negatives if these are available, should preferably accompany Detailed Cost Analyses.

TO BE USED WITH THE DETAILED AND AMPLIFIED ANALYSES

CI/SfB

BCIS Code

DETAILED COST ANALYSIS

Job title:	Client:
Location:	Tender dates: (1) (2)

INFORMATION ON TOTAL PROJECT

Project and contract information

Project details and site conditions:	Contract: (To be completed by BCIS from the Contract particulars given below)
Market conditions:	

Contract particulars:
Type of contract:..................
Basis of tender* :

Bill of quantities	☐	Open/Selected competition	☐ ☐
Bill of approximate quantities	☐	Negotiated	☐
Schedule of rates	☐	Serial	☐
		Continuation	☐

Contract period stipulated by client..................months
Contract period offered by builder....................months
Number of tenders issued.................
Number of tenders received...............
* Tick as appropriate

Cost fluctuation*	YES ☐ LABOUR MATERIALS	NO ☐ ☐ ☐
Adjustments based on formula*	YES ☐	NO ☐
Provisional sums	£.............................	
Prime Cost sums	£.............................	
Preliminaries	£.............................	
Contingencies	£.............................	
Contract sum	£	

* Tick as appropriate

Competitive tender list	
£	N/L

TO BE USED WITH THE DETAILED AND AMPLIFIED ANALYSES — ANALYSIS OF SINGLE BUILDING

Design shape information

Accommodation and design features:

Areas

Basement floors .... m^2

Ground floor .... m^2

Upper floors .... m^2

Gross floor area .... m^2

Usable area .... m^2

Circulation area .... m^2

Ancillary area .... m^2

Internal division .... m^2

Gross floor area .... m^2

Floor spaces not enclosed .... m^2

Roof area........................ m^2

Functional unit..

$\frac{\text{External wall area}}{\text{Gross floor area}} = \frac{\quad}{\quad} =$ ....

Internal cube = ... m^3

Storey heights

Average below ground floor ....

at ground floor ....

above ground floor ....

Design/Shape

Percentage of gross floor area:-

a) below ground floor ....%

b) Single-storey construction ....%

c) Two storey construction ....%

d) * storey construction ....%

e) * storey construction ....%

* Insert number of storeys.

Brief Cost Information

* Contract sum £..................

* Provisional sums £..................

* Prime Cost sums £..................

* Preliminaries £................being..................% } of remainder of

* Contingencies £................being..................% } contract sum

* Contract sum less contingencies £................

Functional unit cost excluding external works { Tender £...................... / Base date £......................

* Amounts for single building analysed.

TO BE USED WITH THE DETAILED AND AMPLIFIED ANALYSES

SUMMARY OF ELEMENT COSTS

Gross internal floor area: .... m² Tender dates: (1) .... (2) ....

Element	Preliminaries shown separately				Preliminaries apportioned amongst elements		
	Total cost of element £	Cost per m² gross floor area £	Element unit quantity	Element unit rate £	Total cost of element £	Cost per m² gross floor area £	Cost per m² gross floor area (base date) £
1 Substrucure	– £	– £			– £	– £	£
2 Superstructure							
2. A Frame							
2. B Upper floors							
2. C Roof							
2. D Stairs							
2. E External walls							
2. F Windows and external doors							
2. G Internal walls and partitions							
2. H Internal doors							
Group element total	£	£			£	£	£
3 Internal finishes							
3. A Wall finishes							
3. B Floor finishes							
3. C Ceiling finishes							
Group element total	£	£			£	£	£
4 Fittings and furnishings	– £	– £			– £	– £	£

TO BE USED WITH THE DETAILED AND AMPLIFIED ANALYSES

5 Services 5. A Sanitary appliances 5. B Services equipment 5. C Disposal installations 5. D Water installations 5. E Heat source 5. F Space heating and air treatment 5. G Ventilating system 5. H Electrical installations 5. I Gas installations 5. J Lift and conveyor installations 5. K Protective installations 5. L Communication installations 5. M Special installations 5. N Builder's work in connection with services 5. O Builder's profit and attendance on services						
Group element total	£	£		£	£	£
Sub-total excluding External works, Preliminaries and Contingencies	£	£		£	£	£
6 External works 6. A Site work 6. B Drainage 6. C External services 6. D Minor building works						
Group element total	£	£		£	£	£
Preliminaries	£	£		—	—	—
TOTALS (less Contingencies)	£	£		£	£	£

TO BE USED WITH THE DETAILED ANALYSIS

SPECIFICATION AND DESIGN NOTES

Please include brief specification and design notes to describe adequately the form of construction and quality of material sufficiently to explain the prices in the analysis.

Check List

Group elements	Elements	Sub-elements
1. SUBSTRUCTURE	1. A Substructure	
2. SUPERSTRUCTURE	2. A Frame 2. B Upper floors 2. C Roof	2. C. 1 Roof structure 2. C. 2 Roof coverings 2. C. 3 Roof drainage 2. C. 4 Roof lights
	2. D Stairs	2. D. 1 Stair structure 2. D. 2 Stair finishes 2. D. 3 Stair balustrades and handrails
	2. E External walls 2. F Windows and external doors	2. F. 1 Windows 2. F. 2 External doors
	2. G Internal walls and partitions 2. H Internal doors	
3. INTERNAL FINISHES	3. A Wall finishes 3. B Floor finishes 3. C Ceiling finishes	3. C. 1 Finishes to ceilings 3. C. 2 Suspended ceilings
4. FITTINGS AND FURNISHINGS	4. A Fittings and furnishings	4. A. 1 Fittings, fixtures and furniture 4. A. 2 Soft furnishings 4. A. 3 Works of art 4. A. 4 Equipment
5. SERVICES	5. A Sanitary appliances 5. B Services equipment 5. C Disposal installations	5. C. 1 Internal drainage 5. C. 2 Refuse disposal
	5. D Water installations	5. D. 1 Mains supply 5. D. 2 Cold water service 5. D. 3 Hot water service 5. D. 4 Steam and condensate
	5. E Heat source	

TO BE USED WITH THE DETAILED ANALYSIS

	5. F Space heating and air treatment	5. F. 1 Water and/or steam (heating only) 5. F. 2 Ducted warm air (heating only) 5. F. 3 Electricity (heating only) 5. F. 4 Local heating 5. F. 5 Other heating systems 5. F. 6 Heating with ventilation (air heated locally) 5. F. 7 Heating with ventilation (air heated centrally) 5. F. 8 Heating with cooling (air heated locally) 5. F. 9 Heating with cooling (air heated centrally)
	5. G Ventilating systems	
	5. H Electrical installations	5. H. 1 Electric source and mains 5. H. 2 Electric power supplies 5. H. 3 Electric lighting 5. H. 4 Electric lighting fittings
	5. I Gas installation	
	5. J Lift and conveyor installations	5. J. 1 Lifts and hoists 5. J. 2 Escalators 5. J. 3 Conveyors
	5. K Protective installations	5. K. 1 Sprinkler installations 5. K. 2 Fire-fighting installations 5. K. 3 Lightning protection
	5. L Communication installations	
	5. M Special installations	
	5. N Builder's work in connection with services	
	5. O Builder's profit and attendance on services	
6. EXTERNAL WORKS	6. A Site works	6. A. 1 Site preparation 6. A. 2 Surface treatment 6. A. 3 Site enclosure and division 6. A. 4 Fittings and furniture
	6. B Drainage	
	6. C External services	6. C. 1 Water mains 6. C. 2 Fire mains 6. C. 3 Heating mains 6. C. 4 Gas mains 6. C. 5 Electric mains 6. C. 6 Site lighting 6. C. 7 Other mains and services 6. C. 8 Builder's work in connection with external services 6. C. 9 Builder's profit and attendance on external services
	6. D Minor building work	6. D. 1 Ancillary buildings 6. D. 2 Alterations to existing buildings
PRELIMINARIES		
Drawings: Drawings should accompany the Detailed Cost Analysis		

AMPLIFIED ANALYSIS

Element and design criteria	Total cost of element £	Cost of element per m^2 of gross floor area £	Element unit quantity	Element unit rate £	Specification
1. A SUBSTRUCTURE Permissible soil loading...............kN/m^2 (kilonewtons per square metre) Nature of soil.............................. .... Bearing strata depth........................m (metres) Site levels.................................. (to be given as gradient) Water table depth..........................m (metres) Average pile loading......................kN (kilonewtons) Preliminaries........% of remainder of contract sum.			Area of lowest floor measured as for gross internal floor area, (m^2).		All work below underside of screed or where no screed exists to underside of lowest floor finish including damp-proof membrane, together with relevant excavations and foundations. **Notes:** 1. Where lowest floor construction does not otherwise provide a platform, the flooring surface shall be included with this element (e.g. if joisted floor, floor boarding would be included here). 2. Stanchions and columns (with relevant casings) shall be included with "Frame"(2.A). 3. Cost of piling and driving shall be shown separately stating system, number and average length of pile. 4. The cost of external enclosing walls to basements shall be included with "External walls"(2.E) and stated separately for each form of construction.

<table>
<tr>
<td>2. A FRAME
Grid pattern should be stated, giving centres of main columns in both directions.

Preliminaries........% of remainder of contract sum.</td>
<td></td>
<td></td>
<td>Area of floors relating to frame, measured as for gross internal floor area, (m^2).</td>
<td></td>
<td>Loadbearing framework of concrete, steel or timber. Main floor and roof beams, ties and roof trusses of framed buildings. Casing to stanchions and beams for structural or protective purposes.

Notes:

1. Structural walls which form an integral part of the loadbearing framework shall be included either with "External walls"(2. E) or "Internal walls and partitions"(2. G) as appropriate.

2. Beams which form an integral part of a floor or roof which cannot be segregated therefrom shall be included in the appropriate element.

3. In unframed buildings roof and floor beams shall be included with "Upper floors"(2. B) or "Roof structure"(2. C. 1) as appropriate.

4. If the "Stair stucture" (2. D. 1) has had to be included in this element it should be noted separately.</td>
</tr>
<tr>
<td>2. B UPPER FLOORS
Design loads should be stated in kilonewtons per square metre (kN/m^2) and spans given in metres.

Preliminaries........% of remainder of contract sum.</td>
<td></td>
<td></td>
<td>Total area of upper floors, (m^2).</td>
<td></td>
<td>Upper floors, continuous access floors, balconies and structural screeds (access and private balconies each stated separately), suspended floors over or in basements stated separately.

Notes:

1. Where floor construction does not otherwise provide a platform the flooring surface shall be included with this element (e. g. if joisted floor, floor boarding would be included here).

2. Beams which form an integral part of a floor slab shall be included with this element.

3. If the "Stair structure"(2. D. 1) has had to be included in this element it should be noted separately.

<table><tr><td>Upper floors</td><td>£</td><td>Area m^2</td><td>All-in unit rate £</td></tr><tr><td></td><td></td><td></td><td></td></tr></table></td>
</tr>
</table>

Appendix 4:

现值表

利率%						
6	6½	7	7½	8	9	10
0.94339	0.93896	0.93457	0.93023	0.92592	0.91743	0.90909
0.88999	0.88165	0.87343	0.86533	0.85733	0.84168	0.82644
0.83961	0.82784	0.81629	0.80496	0.79383	0.77218	0.75131
0.79209	0.77732	0.76289	0.74880	0.73502	0.70842	0.68301
0.74725	0.72988	0.71208	0.69655	0.68058	0.64993	0.62092
0.70496	0.68933	0.66634	0.64796	0.63016	0.59626	0.56447
0.66505	0.64350	0.62274	0.60275	0.58349	0.54703	0.51315
0.62741	0.60423	0.58200	0.55070	0.54026	0.50186	0.46650
0.59189	0.56735	0.54393	0.52158	0.50024	0.46042	0.42409
0.55839	0.53272	0.50834	0.48519	0.46319	0.42241	0.38554
0.52678	0.50021	0.47509	0.45134	0.42888	0.38753	0.35049
0.49696	0.46968	0.44401	0.41985	0.39711	0.35553	0.31863
0.46883	0.44101	0.41496	0.39056	0.36769	0.32617	0.28966
0.44230	0.41410	0.38781	0.36331	0.34046	0.29924	0.26333
0.41726	0.38882	0.36244	0.33796	0.31524	0.27453	0.23939
0.39364	0.36509	0.33873	0.31438	0.29189	0.25186	0.21762
0.37136	0.34281	0.31657	0.29245	0.27026	0.23107	0.19784
0.35034	0.32188	0.29586	0.27204	0.25024	0.21199	0.17985
0.33051	0.30224	0.27650	0.25306	0.23171	0.19448	0.16350
0.31180	0.28379	0.25841	0.23541	0.21454	0.17843	0.14864
0.29415	0.26647	0.24151	0.21898	0.19865	0.16369	0.13513
0.27750	0.25021	0.22571	0.20371	0.18394	0.15018	0.12284
0.26179	0.23494	0.21094	0.18949	0.17031	0.13778	0.11167
0.24697	0.22060	0.19714	0.17627	0.15769	0.12640	0.10152
0.23299	0.20713	0.18424	0.16397	0.14601	0.11596	0.09229
0.21981	0.19449	0.17219	0.15253	0.13520	0.10639	0.08390
0.20736	0.18262	0.16093	0.14189	0.12518	0.09760	0.07627
0.19563	0.17147	0.15040	0.13199	0.11591	0.08954	0.06934
0.18455	0.16101	0.14056	0.12278	0.10732	0.08215	0.06303
0.17411	0.15118	0.13136	0.11422	0.09937	0.07537	0.05730
0.13010	0.11034	0.09366	0.07956	0.06763	0.04898	0.03558
0.09722	0.08054	0.06678	0.05541	0.04603	0.03183	0.02209

续表

6	$6\frac{1}{2}$	7	$7\frac{1}{2}$	8	9	10
0.07265	0.05878	0.04761	0.03860	0.03132	0.02069	0.01371
0.05428	0.04290	0.03394	0.02688	0.02132	0.01344	0.00851
0.04056	0.03131	0.02420	0.01872	0.01451	0.00874	0.00528
0.03031	0.02285	0.01725	0.01304	0.00987	0.00568	0.00328
0.02265	0.01668	0.01230	0.00908	0.00672	0.00369	0.00203
0.01692	0.01217	0.00877	0.00633	0.00457	0.00239	0.00126
0.01264	0.00888	0.00525	0.00440	0.00311	0.00155	0.00078
0.00945	0.00648	0.00445	0.00307	0.00211	0.00101	0.00048
0.00706	0.00473	0.00317	0.00213	0.00144	0.00065	0.00030
0.00527	0.00345	0.00226	0.00149	0.00098	0.00042	0.00018
0.00394	0.00252	0.00161	0.00103	0.00066	0.00027	0.00011
0.00294	0.00184	0.00115	0.00072	0.00045	0.00018	0.00007

Appendix 5—Example

Life cycle cost appraisal

The description of problem

You have been engaged as a consultant by the client for an office development to advise on the economics of alternative heating systems. The building is to be constructed in a town and it is envisaged that the building will be occupied by the client on its completion.

It has been projected that the life of the building will be 60 years from its handover.

Evaluate the life cycle cost of the alternative heating systems for the building (details of which are outlined below).

	Gas heating system (prices)		Electric heating system (prices)	
Installation		92000		80000
Annual Maintenance		900		1000
Periodic Maintenance	Every 5 years	4000		NIL
Reper annualirs and Replacements	Every 10 years	3000		NIL
Reper annualirs and Replacements	Every 15 years	3000	Every 15 years	8000
Annual fuel costs		6500		12000

It is projected that, over 60 year period, fuel prices will change as follows:

Gas increase at general rate of inflation +3% per annual
Electricity increase at general rate of inflation only
It is assumed that all other prices should, on average, keep per annualce with the general rate of inflation.
The general rate of inflation is forecast at 7% per annual over the 60 years.
The market rate of interest is forecast at 15% per annual over 60 years.

The calculation and answer

Gas heating system

Capital Cost:		92000
Annual Maintenance 13.1593×900		11843
Fuel $\left\{\frac{1.15}{1.10}-1\right\}=4.5\%$ ⟶	20.638×6500	134147

Periodic Maintenance (7.5%):

Year	Present value
5	0.69655
10	0.48519
15	0.33796
20	0.23541
25	0.16397
30	0.11422
35	0.07956
40	0.05541
45	0.03860
50	0.02688
55	0.01872
Not 60	

2.25247×4000 = 9010

Repairs & Replacement (7.5%):

Every 10 years	0.91711×3000	2751
Every 15 years	0.49078×3000	1472
		251223

Electric heating system

Capital Cost:		80000
Annual Mnce:	13.1593×1000	13159
	(60 years @ 7.5%)	
	(Preferably 59 years, but insignificant difference)	
Fuel (annual)	13.1593×12000	157912

Repairs and Replacements (7.5%)

15 years	0.33796
30 years	0.11422
45 years	0.03860
(not 60 years)	

$\underline{0.49078} \times 8000$ 3926

$\underline{254997}$

From NPV (Net Present Value) analysis, the logical choice on that basis is GAS.

BUT

Helpful to carry out sensitivity analysis between gas and electricity NB differential inflation rates for projected fuel costs. Also consider disruption costs to occupants due to frequencies of repair operations etc.

Note:

Calculation of real interest rate (i) for discounting

$$\text{Real } i = \left\{\frac{1.15}{1.07} - 1\right\} = 0.0748 \longrightarrow 7.48\%$$

SAY 7.5%

(Multiplication model should be used-the calculations given below use the rate so derived; the additive model gives a slightly different rate and so a set of marginally different figures for the costs of the heating systems' NPV s (Net Present Value).

For detailed about the calculation, please refer to the Chapter 5 of this book.

跋

中国国际经济合作学会会长　王西陶

“国际工程管理教学丛书”是适用于大学的教科书，也适用于在职干部的继续教育。今年出版一部分，争取1997年出齐。它的出版和使用，能适应当今世界和平与发展的大趋势，能迎接21世纪我国对外工程咨询、承包和劳务合作事业大发展。

国际工程事业是比较能发挥我国优势的产业，也是改革开放后我国在国际经济活动中新崛起的重要产业，定会随着改革开放的不断扩大，在新世纪获得更大发展。同时，这套丛书不仅对国际工程咨询和承包有重要意义，对我国援外工程项目的实施，以及外国在华投资工程与贷款工程的实施，均有实际意义。期望已久的、我国各大学培养的外向性复合型人才将于本世纪末开始诞生，将会更加得力地参与国际经济合作与竞争。

我们所说的外向性复合型人才是：具有建设项目工程技术理论基础，掌握现代化管理手段，精通一门外语，掌握与国际工程有关的法律、合同与经营策略，能满足国际工程管理多方面需要的人才。当然首先必须是热爱祖国、热爱社会主义、勇于献身于国际经济建设的人才，才能真正发挥作用。

这套丛书是由有关部委的单位、中国国际经济合作学会、中国对外承包商会、有关高校和一些对外公司组成的国际工程管理教学丛书编写委员会组织编写的。初定出版20分册。编委会组织了国内有经验的专家和知名学者担任各分册的主编，曾召开过多次会议，讨论和审定各主编拟定的编写大纲，力求既能将各位专家学者多年来在创造性劳动中的研究成果纳入丛书，又能使这套丛书系统、完整、准确、实用。同时也邀请国外学者参与丛书的编著，这些均会给国际工程管理专业的建设打下良好的基础。以前，我们也曾编撰过一些教材与专著，在当时均起了很好的作用，有些作品在今后长时期内仍会发挥好的作用。所不同的是：这套丛书论述得更加详尽，内容更加充实，问题探讨得更加深入，又补充了过去从未论述过的一些内容，填补了空白，大大提高了可操作性，对实际工作定会大有好处。

最后，我代表编委会感谢国家教委、外经贸部、建设部等各级领导的支持与帮助。感谢中国水利电力对外公司、中国建筑工程总公司、中国国际工程咨询公司、中国土木工程公司、中国公路桥梁建设总公司、中国建筑业协会工程项目管理专业委员会、中国建筑工业出版社等单位，在这套丛书编辑出版过程中给我们大力协助并予以资助。还要感谢各分册主编以及参与编书的专家教授们的辛勤劳动，以及以何伯森教授为首的编委会秘书组作了大量的、有益的组织联络工作。

这套丛书，鉴于我们是初次组织编写，经验不足，会有许多缺点与不妥之处，希望批评指正，以便再版时修正。

1996年7月30日